普通高等教育"十三五"规划教材

食品化学实验

冯凤琴　主编

李　阳　张　希　副主编

化学工业出版社

·北京·

内 容 简 介

《食品化学实验》介绍了食品化学实验常用仪器、基础实验及探究性实验。在内容上，本实验教材体现了实验目标与过程并重，不片面追求实验数据、实验结论，而注重引导学生发现问题、分析问题，启发学生自主设计实验方案来解决问题，重点讨论不同因素及实验条件对实验结果的影响。

本教材可作为食品科学与工程、食品质量与安全、生物工程及相关专业师生的本科教材，也可供从事食品科研及生产的人员参考。

图书在版编目（CIP）数据

食品化学实验/冯凤琴主编 . —北京：化学工业出版社，2022.1（2024.7重印）

普通高等教育"十三五"规划教材

ISBN 978-7-122-40229-5

Ⅰ.①食… Ⅱ.①冯… Ⅲ.①食品化学-实验-高等学校-教材 Ⅳ.①TS201.2-33

中国版本图书馆 CIP 数据核字（2021）第 227045 号

责任编辑：赵玉清　李建丽	文字编辑：张熙然　朱雪蕊
责任校对：刘曦阳	装帧设计：关　飞

出版发行：化学工业出版社（北京市东城区青年湖南街 13 号　邮政编码 100011）
印　　装：北京天宇星印刷厂
710mm×1000mm　1/16　印张 7　字数 97 千字　2024 年 7 月北京第 1 版第 4 次印刷

购书咨询：010-64518888　　　　　　售后服务：010-64518899
网　　址：http://www.cip.com.cn
凡购买本书，如有缺损质量问题，本社销售中心负责调换。

定　　价：29.00 元

《食品化学实验》编写人员名单

主　编

　　冯凤琴　浙江大学

副主编

　　李　阳　浙江大学

　　张　希　云南中医药大学

其他参编人员（按姓氏笔画排序）

　　韦　伟　江南大学

　　邓伶俐　湖北民族大学

　　李　杨　青岛农业大学

　　张　辉　浙江大学

　　曹　茜　西华大学

　　蔡海莺　浙江科技学院

前　言

　　食品化学是食品科学与工程类专业的重要专业基础课，也是专业主干课程之一。食品化学主要研究食品成分与特性，及其在加工、贮藏过程中的变化与引起变化的原因。食品化学实验是食品化学课程的重要组成部分，是从实践角度培养学生发现问题、分析问题及解决问题的能力，也是学生实践能力、创新能力及团队协作能力培养的重要途径。

　　本书在内容上力求普适性与实用性，按照食品化学实验教学及学生能力成长的客观规律进行设计，介绍了食品化学实验常用仪器、基础实验及探究性实验。本书是《食品化学》（第二版）的配套实验教材。同时，为推进教材信息化改革，构建适应社会需求的新形态教材，秉持媒体融合的发展思路，实现纸质教材、数字资源与在线教育平台的相互融通，本书以视频形式呈现了部分实验的操作步骤。另外，为配合相关实验的开展，本书也介绍了食品营养成分测定国家标准及常用缓冲溶液的配制方法。

　　本书的编写者都具备食品化学实验的教学经验以及相关方向的研究基础，由冯凤琴编写第一章，李阳编写第二、四章及附录，张辉、张希、韦伟、蔡海莺、曹茜、李杨及邓伶俐编写第三章。全书由冯凤琴、李阳统稿。

　　在本书编著过程中，吴晓琴、尹源明、吴丹对本书的编写提出了宝贵意见，硕士研究生阮圣玥、沈艺昕、庄嘉辰、李家汶参与了本书的视频录制，在此一并致谢。

　　由于编者水平有限，书中难免有疏漏和不妥之处，欢迎读者批评指正。

编者

2021 年 10 月

目 录

第四章 食品化学探究性实验 / 082

第一章

绪　论

一、食品化学实验内容及要求

　　食品化学是食品科学的重要领域，主要从化学角度和分子水平研究食品组成、结构、理化性质、营养和安全特性，并研究食品加工、贮藏过程中的化学变化及引起变化的原因。食品化学课程是食品科学与工程类专业主干课程，食品化学实验是食品化学课程的重要教学实践环节，对食品的贮藏、加工、流通、管理及科学研究具有重要的实践意义。食品科学与工程类专业的学生必须能结合食品化学实验的基本原理和实验技能，综合分析影响食品品质及其变化的相关因素，对实验结果给出科学解释，以强化对食品化学基础知识的理解与掌握，并为在实践中指导食品的生产、贮藏和运输打下坚实基础。

　　食品化学实验本着提高学生的实践、研究、创新能力和综合素质的目标，要求学生在理解基本实验原理的基础上，通过实验来进一步巩固所学知识，同时培养学生的动手能力，掌握相关仪器的使用和维护。除了掌握一些经典的基础仪器的使用外，学生也需掌握一些更先进仪器（如气相色谱仪、液相色谱仪、旋转流变仪、差示扫描量热仪、纳米粒度及 Zeta 电位分析仪等）的使用和维护，以适应不断更新的科研需求。

　　食品化学实验需突出食品化学的基本内涵，并结合最新的研究成果，着重培养学生的实践创新能力。在实验内容上，需体现实验过程与结果并重，不仅注重学生对实验原理及实验方法的掌握，更注重引导学生发现问题、分析问题，启发学生自主设计实验方案，重点讨论不同因素及实验条件对实验结果的影响。在实验形式上，需体现基础实验与综合实验并重，以探究性实验为切入点，从实验选题、资料查阅、方案设计、实验实施、分析总结等方面对学生进行全过程培养，强调以学生为主体的实验探究，激发学生的实验兴趣，培养创新思维和实践能力。

二、实验室安全与防护

　　在食品化学实验室中，会接触毒性很强、有腐蚀性、易燃易爆的化学药品，并且经常使用易碎的玻璃和瓷质器皿，以及时常在高温、高压等特殊的环境下进行工作，因此，必须十分重视安全工作。进行食品化学实验时，需穿着实验服，佩戴实验手套、口罩，必要时佩戴护目镜。

实验前应了解实验室水阀门及电闸位置，离开实验室时，一定要将室内检查一遍，将水、电的开关关好，门窗锁好。

实验防护视频

使用电器设备（如烘箱、恒温水浴箱、离心机、电炉等）时，严防触电，绝不可用湿手接触电闸及电器开关。应该用试电笔检查电器设备是否漏电，凡是漏电的仪器，一律不能使用。

使用浓酸、浓碱时，必须极为小心地操作，防止溅出。用移液管量取这些试剂时，必须使用洗耳球。若不慎溅在实验台或地面上，必须及时用湿抹布擦洗干净。如果触及皮肤应立即进行处理。

使用可燃物，特别是易燃物（如乙醚、丙酮、乙醇、苯、金属钠等）时，应特别小心。不要大量放在桌上，更不要放在靠近火焰处。只有在远离火源时，或将火焰熄灭后，才可大量倾倒易燃液体。低沸点的有机溶剂不可在火上直接加热，只能在水浴上利用回流冷凝管加热或蒸馏。如果不慎倾出了相当量的易燃液体，则应按下面的方法处理：立即关闭室内所有的火源和电加热器；关门，开启窗户；用毛巾或抹布擦拭洒出的液体，并将液体拧到大的容器中，然后再倒入带塞的玻璃瓶中。

用油浴操作时，应小心加热，不断用温度计测量，不要使温度超过油的燃烧温度。

易燃和易爆炸物质的残渣（如金属钠、白磷、火柴头）不得倒入污物桶或水槽中，应收集在指定的容器内。

仪器设备不得开机过夜，如确有需要，必须采取必要的预防措施。特别要注意空调、电脑、饮水机等也不得开机过夜。

三、化学品的保存及使用

（一）化学品保存的一般原则

所有化学品和配制试剂都应贴有明显的标签，杜绝标签缺失、新旧标签共存、标签信息不全等混乱现象。配制的试剂、反应产物等应有名称、浓度或纯度、责任人、日期等信息。

存放化学品的场所必须整洁、通风、隔热、安全，远离热源和火源。

实验室不得存放大量试剂，严禁存放大量的易燃易爆品及强氧化剂。

化学品应密封、分类、合理存放，切勿将不相容的、相互作用会发生剧烈反应的化学品混放。

实验室须建立并及时更新化学品台账，及时清理废旧化学品。

（二）易制毒及易制爆化学品的分类

根据《易制毒化学品管理条例》（2018 年修订版），易制毒化学品可分类如下：

第一类易制毒化学品：1-苯基-2-丙酮，3,4-亚甲基二氧苯基-2-丙酮，胡椒醛，黄樟素，黄樟油，异黄樟素，N-乙酰邻氨基苯酸，邻氨基苯甲酸，麦角酸，麦角胺，麦角新碱，麻黄素、伪麻黄素、消旋麻黄素、去甲麻黄素、甲基麻黄素、麻黄浸膏、麻黄浸膏粉等麻黄素类物质。第一类易制毒化学品所列物质可能存在的盐类，也纳入管制。

第二类易制毒化学品：苯乙酸、乙酸酐、三氯甲烷、乙醚、哌啶。第二类易制毒化学品所列物质可能存在的盐类，也纳入管制。

第三类易制毒化学品：甲苯、丙酮、甲基乙基酮、高锰酸钾、硫酸、盐酸。

易制爆危险化学品可分为酸类、硝酸盐类、氯酸盐类、高氯酸盐类、重铬酸盐类、过氧化物和超氧化物类、易燃物还原剂类、硝基化合物类及其他，具体可参见《易制爆危险化学品名录》（2017 年版）。

（三）危险化学品的分类存放要求

危险化学品是指具有毒害、腐蚀、爆炸、燃烧、助燃等性质，对人体、设施、环境具有危害的剧毒化学品和其他化学品。

剧毒化学品是指具有剧烈急性毒性危害的化学品，包括人工合成的化学品及其混合物和天然毒素，还包括具有急性毒性易造成公共安全危害的化学品。

剧烈急性毒性判定界限：急性毒性类别1，即满足下列条件之一。大鼠实验，经口 $LD_{50} \leqslant 5mg/kg$，经皮 $LD_{50} \leqslant 50mg/kg$，吸入（4h）$LC_{50} \leqslant 100mL/m^3$（气体）或 $0.5mg/L$（蒸气）或 $0.05mg/L$（尘、雾）。经皮 LD_{50} 的实验数据，也可使用兔实验数据。

剧毒化学品、爆炸品、第一类易制毒品、精神类和麻醉类药品需存放在不易移动的保险柜或带双锁的冰箱内，实行"双人领取、双人运输、双人双锁保管、双人使用、双人记录"的"五双"制度，并切实做好相关记录。

易制爆品和二、三类易制毒品须上锁保管，并做好使用记录。

易爆品应与易燃品、氧化剂隔离存放，宜存于20℃以下，最好保存在防爆试剂柜、防爆冰箱或经过防爆改造的冰箱内。

腐蚀品应放在防腐蚀试剂柜的下层；或下垫防腐蚀托盘，置于普通试剂柜的下层。

还原剂、有机物等不能与氧化剂、硫酸、硝酸混放。

强酸（尤其是硫酸），不能与强氧化剂的盐类（如高锰酸钾、氯酸钾等）混放；遇酸可产生有害气体的盐类（如氯化钾、硫化钠、亚硝酸钠、氯化钠、亚硫酸钠等）不能与酸混放。

易产生有毒气体（烟雾）或难闻有刺激气味的化学品应存放在配有通风吸收装置的试剂柜内。

金属钠、钾等碱金属应贮存于煤油中；黄磷、汞应贮存于水中。

易水解的药品（如乙酸酐、乙酰氯、二氯亚砜等）不能与水溶液、酸、碱等混放。

卤素（氟、氯、溴、碘）不能与氨、酸及有机物混放。

氨不能与汞、次氯酸、酸等接触。

（四）化学品的使用

实验之前应先阅读化学品安全技术说明书（MSDS），了解化学品特性，采取必要的防护措施。

严格按实验规程进行操作，在能够达到实验目的的前提下，尽量少用，或用危险性低的物质替代危险性高的物质。

保持工作环境通风良好。使用化学品时，不能直接接触化学品、品尝化学品味道、把鼻子凑到容器口嗅闻化学品的气味。

严禁在开口容器或密闭体系中用明火加热有机溶剂，不得在烘箱内存放干燥易燃有机物。

分析天平称量固体药品视频

使用分析天平称量固体药品前，先进行水平调节，使气泡位于水平中心；观察分析天平示数为小数点后几位，三位小数表示千分之一天平，四位小数表示万分之一天平。用干净的药匙取用化学药品，用过的药匙必须洗净和擦干后才能再使用，以免污染试剂；多取的药品，不得倒回原瓶。

倾倒法取用液体试剂时，试剂瓶盖应倒置于桌面，防止异物沾染；标签应向着手心，防止淌下液体腐蚀标签；倾倒时，瓶口应紧贴试管口或量筒口，必要时应用玻璃棒引流。

倾倒法取用液体试剂视频

使用移液枪吸取固定体积的液体样品时，将移液枪调至相应刻度，装上枪头，用大拇指将按钮按下至第一停点，然后慢慢松开按钮回原点；接着将按钮按至第一停点排出液体，稍停片刻继续按按钮至第二停点吹出残余的液体；最后松开按钮。移液枪使用结束后需调回最大量程。

四、化学废弃物的处理

废液应分类收集，及时处理，避免大量囤积。

废液应倒入专用的回收容器中，液面不得超过容器的2/3，并贴上化学废弃物专用标签。

移液枪吸取液体样品视频

化学废弃物收集时须避免产生剧烈反应；混合后会发生反应的废液，不能存放在同一容器内。

废弃瓶装化学试剂可填写废弃瓶装化学试剂清运处置登记表，贴好分类标签，统一集中收集清运。

甲类有机废液、含汞无机废液、含砷无机废液、含一般重金属的无机废液这四类化学废弃物应单独收集，不可与其他物质混存。

放射性、爆炸性、传染性、多氯联苯、二噁英等物质须事先采用科学的、安全的办法改变其化学性质或成分，否则不得送往实验废弃物中转站。

废旧剧毒化学品不得混入一般化学废弃物中处置，由学校定期统一组织清运。

废气应经过吸收、分解处理后，才能排放。

五、实验数据的处理与表达

实验中获得的数据，是用以分析、判断、计算，进而"加工"（归纳、总结）出实验结论的第一手资料。实验数据的基本特点：①总是以有限次数给出，并具有一定的波动性；②总存在误差，且是综合性的，即随机误差、系统误差、过失误差同时存在；③数据大多具有一定的统计规律性。实验数据是否准确、可靠、完备，对于实验结论有着重大影响，因此实验获得的大量数据，必须经过归纳整理，才能得出研究变量之间的规律和关系。

（一）可疑数据的处理

1. 实验中的可疑值

在实际分析测试中，随机误差的存在，使得多次重复测定的数据存在一定的离散性。并且经常发现一组测定值中，某一两个测定值比其余测定值明显偏大或偏小，这样的测定值为可疑值。可疑值分为两种：第一种为极值，该测定值虽然明显偏离其余测定值，但仍然处于统计上所允许的合理误差范围内，与其余测定值属同一总体，极值是一个好值，必须保留；第二种是异常值或界外值，与其余测定值不属于同一总体，应淘汰不用。对于可疑值，必须首先从技术上设法弄清楚其出现的原因。若查明是由实验技术上的失误引起的，不管其是否为异常值，都应舍弃，而不必进行统计检验。但是，对于那些未能从技术上找出其出现原因的，此时既不能轻率保留，也不能随意舍弃，应进行统计检验，以便从统计上判断其是否为异常值。

2. 舍弃异常值的依据

判定可疑值是极值还是异常值，实际上就是区分随机误差和过失误差。因为随机误差遵从正态分布的统计规律，从统计规律来看，单次测定值出现在 $\mu \pm 2\sigma$（σ 为标准差）之间的概率为 95.5%，也就是说偏差 $>2\sigma$ 的测定值出现的概率仅为约 0.5%，偏差 $>3\sigma$ 的概率只有 0.3%。所以，在有限的测定中出现偏差很大的测定值时，就不能简单地看作是由随机误差引起的，只能作为与其他测定值来源不同的总体的异常值而舍弃它。并将 2σ 和 3σ 称为系统上允许的合理范围，即临界值。2σ 和 3σ 也就是异常值的取舍依据。

（二）有效数字的修约

数字修约是指在进行具体的数字运算前，按照一定的规则确定一致的位数，然后舍去某些数字后面多余的尾数的过程。指导数字修约的具体规则，被称为"数字修约规则"。有效数字的修约可参照国家标准 GB/T 8170—2008《数字修约规则与极限数值的表示和判定》。现在被广泛使用的数字修约规则主要是四舍五入规则。

（三）数据的表达

1. 列表法

在实验数据的表达上，经常是制成一份适当的表格，把被测量及测得的数据对应地排列在表中，称为列表法。

列表的要求：表格设计要尽量简明、合理；在各项目栏中标明所列量的名称和单位；填写测量数据应按有效数字的要求；数据书写应整齐清楚。

2. 作图法

为了更清楚直观地观察到实验所得一系列数据间的关系及其变化规律，通常把测得的一系列相互对应的数据及变化的情况用曲线表示出来，称为作图法。

作图的要求：

（1）标明坐标轴代表的量名称和单位及写明图表名称。一般用 x 轴代表自变量，用 y 轴代表因变量。

（2）标明坐标轴单位长度所代表的量的值及坐标原点数值。

（3）标出数据点。在坐标图上用"△"或"×"等符号标出数据点的位置，用不同的符号区别开不同的量。

（4）连线。若在坐标纸上作图，则连线时应使用直尺或曲线板把点连成直线或光滑曲线，并且应使曲线尽量通过大多数点，其他点应靠近曲线两侧均匀分布，对个别偏离大的点应进行分析；若在计算机上用Excel、Origin 等软件作图，则由计算机自动完成。

第二章

食品化学实验常用仪器

一、酸度计

（一）工作原理

利用酸度（pH）计测定溶液的 pH，是将玻璃电极和 Ag-AgCl 电极插在被测试液中，组成一个电化学原电池，其电动势能的大小与溶液的 pH 有关。

$$E = E^\circ - 0.059pH \quad （25℃）$$

即在 25℃ 时，每相差一个 pH 单位，就产生 59.1mV 的电极电位，从而可通过对原电池电动势的测量，在 pH 计上直接读出被测试液的 pH。

（二）仪器操作步骤

以上海雷磁 PHS-3B 型 pH 计的使用为例。

1. 测试前的准备

（1）开机前的准备：将电极梗旋入电极梗插座，调节电极夹到适当位置。

（2）开机后的准备：将电源插入电源插座，按下电源开关，电源接通后，预热 30min。

2. 仪器校正

自动温度补偿与手动温度补偿的使用方法如下：

（1）使用自动温度补偿的方法：插入温度传感器后，只将仪器后面板温度补偿转换开关置于自动位置，该仪器便可进入 pH 自动补偿状态，此时手动温度补偿不起作用。此时将"选择"开关拨至"℃"挡，显示值即温度传感器所测量的温度值。

（2）使用手动温度补偿的方法：将温度传感器拔去，将后面板温度补偿转换开关置于手动位置。将仪器的"选择"开关拨至"℃"挡，调节温度选择旋钮，使数字显示值与溶液温度计显示值相同。仪器同样将该温度信号传入 pH-t 混合电路进行运算，从而达到手动温度补偿的目的。

3. 标定

使用仪器前，要先标定。一般来说，连续使用仪器时，一天标定一次。

（1）在测量电极插座处拔去 Q9 短路插头，然后插上复合电极及温度传感器。将复合电极和温度传感器夹在电极夹上，拉下电极前端的电极套，并露出复合电极上端小孔，以保持电极内 KCl 溶液的液压差。用去离子水清洗电极，用吸水纸吸干或用被测液清洗一次。

（2）如不用复合电极，则在测量电极插座上，换上电极转化器插头，将玻璃电极插入转化器插座处，将参比电极接入参比电极接口处。使用前检查玻璃电极前端的球泡。在正常情况下，电极应该透明而无裂纹；球泡内要充满溶液，不能有气泡存在。

（3）先测量溶液温度，此时将"选择"开关拨至"℃"挡，数字显示值即温度传感器所测量的温度值。把斜率调节旋钮顺时针旋到底（即调到"100％"位置）。

（4）将"选择"开关调到"pH"挡。把清洗过的电极插入 pH＝6.88/6.86 的标准缓冲溶液中，并晃动试剂瓶使溶液均匀。调节"定位"调节器，使仪器读数为该标准缓冲液的 pH。再用蒸馏水清洗复合电极，用滤纸吸干，再将之插入 pH＝4.00（或 pH＝9.23/9.18）的标准缓冲液中，调节"斜率"调节器，使仪器读数为该标准缓冲液的 pH。

（5）重复步骤（4），直至不用再调节"定位"调节器及"斜率"调节器为止，误差不应超过±0.1。仪器标定完成。

（6）注意事项：

① 如果标定过程中操作失败或按键错误而使仪器测量不正常，可关闭电源，然后按住"确认"键再开启电源，使仪器恢复初始状态，然后重新标定。

② 标定后，不能再按"定位"键及"斜率"键，如果触动这些键，则仪器 pH 指示灯闪烁，此时不要按"确认"键，而应按"pH/mV"键，使仪器重新进入 pH 测量状态，而无须再进行标定。

③ 标定时，一般第一次用 pH＝6.88/6.86 的缓冲液，第二次用接

近溶液 pH 的缓冲液。如果被测溶液为酸性，应选 pH＝4.00 的缓冲液；如果被测溶液为碱性，则选 pH＝9.23/9.18 的缓冲液。

4. 测量

被测溶液与标准溶液温度相同时的测量步骤如下：

（1）取出复合电极用蒸馏水冲洗，用滤纸吸干或用被测溶液清洗。

（2）把电极浸入被测溶液中，摇动烧杯，使溶液均匀，待显示屏上的读数稳定后，读出溶液的 pH。

（3）取出电极，用蒸馏水冲洗，用滤纸吸干，应避免电极的敏感玻璃泡与硬物接触，因为任何破损或摩擦都会使电极失效。测量完后，及时将电极保护套套上，电极套内应放少量外参比补充液（$3mol \cdot L^{-1}$ 的 KCl）以保持电极球泡湿润。复合电极长期不使用时，应拉上复合电极上端小孔。

二、紫外-可见分光光度计

（一）工作原理

紫外-可见吸收光谱是分子吸收紫外-可见光区 10～800nm 的电磁波而产生的吸收光谱，简称紫外光谱。这个数量级能量的吸收可以导致分子从电子能级的基态跃迁到激发态，这种跃迁通常是在成键轨道或者孤对电子轨道与未占有的非键轨道或者反键轨道之间进行，因此吸收光谱的波长就是有关轨道之间的能级差的量度。

通过测量吸收池中的溶液对某个波长范围单色光的吸收强度，可以获得紫外-可见吸收光谱。实际的波长范围是 190～400nm（紫外区）和 400～780nm（可见光区）。

紫外-可见分光光度计有许多种，这里仅介绍双光束色散的扫描体系和色散的多元通道体系，两者都遵从比尔定律并用单色光工作。仪器由宽波长范围的复合光源、色散元件（多为光栅）、样品/参比池、检测器、电子元件和用于数据处理及存储的计算机组成。

在单道系统中仅用一个检测器。当单色器（光栅或棱镜）缓慢扫描通过光谱时，它依次测量每一个分辨单元的强度。光谱的分辨率和分辨单元的宽度是由单色器的大小、所用辐射波长和（可调的）狭缝宽度决定的。当在定性分析中要求高分辨率时，则要用较窄的狭缝。多道系统用阵列检测器（通常具有 316 个硅二极管），因此产生 2nm 的光谱分辨率，并获得 200～820nm 的整个光谱。

在常规的具有较低光通量的光度计中，氘灯仅用于 200～400nm 的连续光源（紫外区到可见光区范围），而卤钨灯用于 400～2500nm（可见光区到近红外区）范围。

（二）仪器操作步骤

以岛津 UV-1780 型紫外-可见分光光度计为例。

1. 基础操作

（1）准备：确认样品室及池架上没有装载任何物品。

（2）开机：插上仪器电源线，推开仪器正面右下角的显示屏，打开仪器左侧的电源开关，进行初始化设置的项目将显示在显示屏上，仪器自动执行依次设置、检查（初始化所需时间约为 3min）。为使仪器稳定地进行数据测量，需预留 30min 以上的预热时间，直至仪器完成初始化为止，不要打开样品室的盖子。

（3）模式选择：进入"模式选择"界面，输入对应数值选择所需模式。

2. 光度模式（单波长测量）

（1）在"模式选择"界面按数字键"1"进入光度模式。

（2）测定结果选择：按"F1"键设置测定结果，透过率/吸光度（T/Abs）。

（3）设置波长：按"波长"键，输入数值，按"确定"键。

（4）调零：在参比池和样品池皆放入空白样品，盖上样品室盖子，按"调零"键。

（5）测定：在样品池中放入待测样品进行测定，读取并记录显示屏上的数据。

（6）按"返回"键回到"模式选择"界面。

3. 光谱模式

（1）在"模式选择"界面按数字键"2"进入光谱模式。

（2）测量方式设置：按数字键"1"进入测量方式设置，选择相应的数字键，按"确定"键，并设置适当的间隔。

（3）扫描范围：一般选择仪器默认的扫描范围即可，也可自行设定合适的范围。

（4）记录范围：一般选择仪器默认的记录范围即可，也可自行设定合适的范围。

（5）校正基线：将参比池和样品池皆放入空白样品，按"F1"键进行"校正基线"操作。

（6）测定：将样品放入样品池，按"启动"键进行扫描测量。

（7）数据处理：按"F2"键进行"数据处理"操作，按数字键"3"进行峰检测。

（8）按"返回"键回到"模式选择"界面。

4. 定量模式

（1）在"模式选择"界面按数字键"3"进入定量模式。

（2）测量方法：按数字键"1"进入测量方法设置，一般选择"一波长定量法"，并输入相应的定量波长。

（3）定量方法：按数字键"2"进入定量方法设置，一般选择"多点校正曲线"，输入适当的标准样品数。

（4）测量重复次数：按数字键"3"进入测量重复次数设置，输入适当数值。

（5）单位：按数字键"4"进入单位设置，选择相应单位。

（6）标准曲线建立：按"启动"键开始建立校正曲线（即标准曲线）。

① 输入对应的标准样品浓度。

② 将参比池和样品池皆放入空白样品，按"调零"键进行调零。

③ 在样品池顺序放入标准样品，按"启动"键进行测定，得到相应数据。

④ 按"F1"键得到标准曲线。

（7）测定：按"返回"键回到"定量"模式界面，按"F3"键进入"测量屏幕"，在样品池放入待测样品进行测量。

（8）关机：关闭仪器电源，清理样品室及仪器表面，盖上显示屏，拔掉仪器电源线。

三、色差计

（一）工作原理

在光学系统中，将物体的实际成像与其理想成像间的差别称为像差。而色差就是像差的一种，指的是由投射材料的透射率随波长的变化而变化所造成的一种像差。

色差计指的是一种定量表示色知觉差异的仪器。一般比较被检品与样品之间的颜色差异并输出 L^*、a^*、b^* 三组数据，以通过具体的数字来表明颜色差异的程度，其中，L^* 表示明度的差异，当 L^* 为正时表明其较样品而言偏白，当 L^* 为负时，表明其较样品而言偏黑；a^* 表示色调的差异，当 a^* 为正时表明其偏红，当 a^* 为负时表明其偏绿；b^* 表示彩度的差异，当 b^* 为正时表明其偏黄，当 b^* 为负时表明其偏蓝。色差仪就是这样一种通过具体数值来反映颜色差异的仪器。

（二）仪器操作步骤

以 ColorFlex EX CFEZ 2316 型色差计为例。

（1）开机：按"Enter"键屏幕亮起后进入主菜单。

（2）校正："校正"→"开始"→将黑板放置在测试口→"开始"→将白板放置在测试口→"开始"→色差计校正成功→返回主菜单。

（3）产品设置："产品设置"→"要选择设置并设定吗"→"是"→"选择设置并设定"→"Set Up"→"开始"→数据视图→光源/观察者：D65/10→选择色度标尺。

（4）测量：如是固体样品，样品水平放置且将测试口全部覆盖→按"Enter"键→记录所测数据→按"Enter"键测量下一个样品；如是液体样品，换底盘→将玻璃杯装满 3/4 样品后平稳放置，盖上罩子→按"Enter"键→记录所测数据→按"Enter"键测量下一个样品。

（5）关机："后退"→"是否关机"→按"Enter"键。

（6）注意事项：

① 保持色差计内部清洁，如污染用洗耳球吹或者擦镜纸轻轻

擦拭。

② 保持黑板、白板清洁，用擦镜纸蘸取少量酒精擦拭，不可用手、纸巾、抹布等擦拭，玻璃杯放置时底部朝上避免刮花。

③ 每次测量前可用白板检测仪器是否精准。

④ 使用结束后用罩子盖住检测口避免灰尘。

四、水分活度仪

（一）工作原理

在密闭、恒温的水分活度仪测量舱内，试样中的水分扩散平衡，此时水分活度仪测量舱内的传感器或数字化探头显示出的响应值（相对湿度对应的数值）即为样品的水分活度（a_w）。

（二）仪器操作步骤

以无锡华科 HD-4 型水分活度仪为例。

接通电源，打开电源开关及打印机电源开关，仪器显示器将显示首页中的"测量""校正""设置"三项可供选择的功能和当前时间。用户可以根据需要利用"选择"键进行功能选择（被选中项目号将反黑显示）。

1. 校正

该项功能是为校正仪器的测量精度而设定的。通常情况下，在使用环境温度变化不大时，仪器每两周校正一次。以"测点 1"为参考探头，故校正时"测点 1"必须放置相应的饱和盐溶液，其余测点按顺序放置相同的饱和盐溶液（注意：第一次使用前必须先校正）。

校正功能的使用方法如下：按"选择"键选择"校正"功能，按"确认"键进入下一页菜单。在此页中，显示了两种供校正用的饱和盐溶液。按"选择"键选择合适的饱和盐溶液后，将装有配制好的饱和盐溶液的塑料器皿放入水分活度传感器的底座中（校正时塑料器皿的塑料盖不得盖上），盖好传感器，按下"确认"键，仪器将进入校正状态，对仪器测量精度进行校正。校正时间为 10～30min（时间与设置功能内，测量时间项目所设定时间一样）。在校正时仪器将显示水分活度值、温度值、校正时间和一个停止校正功能项。校正结束后，按"确认"键，回到首页。如校正过程中想停止，按"确认"键，此时仪器将提示"是否确实要停止校正"。如确实要停止校正，用"选择"键选择"是"，按下"确认"键，将停止校正，回到首页。如不希望停止校正，用"选择"键选择"否"，按下"确认"键，将继续对仪器进行校正。通常选用氯化钠溶液来校正，只有在被测物的水分活度预计低于 0.40 时才采用氯化镁溶液进行校正。

2. 设置

如需要进行相关参数设置，用"选择"键选择"设置"功能，"确认"后用"选择"键选择测点、时间、测量时间项目，确认后，利用"▲""▼"对测点、日期、测量时间进行设置。设置完成后，按"确认"键返回设置页，选择"返回"并确认后返回首页。改变测点数，可以选择需要的测量点数。巡测/定点是指测量或校正过程中，轮流显示各测点，还是只显示其中一个测点的数据。测量时间修改功能主要是为适应不同用户而设置的。10min 的测量时间，通常情况下即可保证测量精度。如样品需要的平衡时间（测量数据达到稳定的时间）较长，可以适当延长测量时间，最长不超过 30min。

3. 测量

首先将被测物放入塑料器皿内（尽量将被测物弄碎，测量时塑料器皿的塑料盖不得盖上），再放入水分活度传感器中，盖好传感器。用"选择"键选择测量功能，按"确认"键，水分活度仪进入测量状态。测量时间为 10～30min（可在设置功能内，测量时间项目下，用增减键修改），在测量时将显示水分活度值、温度值、测量时间和打印选项。打印选项包括打印（指测量结束时打印测量结果）、不打印（指测量结束时不打印测量结果）和停止测量，该选项可用"选择"键来选定。在测量结束后，水分活度仪将显示出最终测量结果，同时打印出测量结果（在选择了打印的情况下）。此时按下"确认"键，返回首页，可准备进行下一次测量。

五、气相色谱仪

（一）工作原理

气相色谱仪是利用色谱分离技术和检测技术，对多组分的复杂混合物进行定性和定量分析的仪器。

气相色谱仪是以气体作为流动相（载气）。当样品由微量注射器"注射"进入进样器后，被载气携带进入填充柱或毛细管色谱柱。由于样品中各组分在色谱柱中的流动相（气相）和固定相（液相或固相）间分配或吸附系数的差异，在载气的冲洗下，各组分在两相间作反复多次分配使各组分在柱中得到分离，然后用接在柱后的检测器根据组分的物理化学特性将各组分按顺序检测出来。

检测器对每个组分所给出的信号，在记录仪上表现为一个个的峰，称为色谱峰。色谱峰上的极大值是定性分析的依据，而色谱峰所包罗的面积则取决于对应组分的含量，故峰面积是定量分析的依据。一个混合物样品注入后，由记录仪记录得到的曲线，称为色谱图。分析色谱图就可以得到定性分析和定量分析结果。

（二）气相色谱仪构造

气相色谱仪的种类繁多，功能各异，但其基本结构相似。气相色谱仪一般由气路系统、进样系统、色谱柱系统、检测器、温度控制系统及数据处理系统组成。

1. 气路系统

气路系统包括气源、净化干燥管和载气流速控制及气体化装置，是一个载气连续运行的密闭管路系统。通过该系统可以获得纯净的、流速稳定的载气。它的气密性、流量测量的准确性及载气流速的稳定性，都是影响气相色谱仪性能的重要因素。

气相色谱（gas chromatography，GC）技术中常用的载气有氢气、氮气、氩气，纯度要求99%以上，化学惰性好，不与有关物质反应。载气的选择除了要求考虑对柱效的影响外，还要与分析对象和所用的检测器相配。

氮气等载气一般装于高压钢瓶来供气，在钢瓶上装有配套的减压阀，使用前先检查减压阀是否关紧，逆时针旋转减压阀螺杆至松动为止。打开钢瓶总阀门，此时高压表显示出瓶内贮气总压力，慢慢地顺时针转动减压阀螺杆，至低压表显示出实验所需压力为止，停止使用时，先关闭总阀门，待减压阀中余气逸尽后，再关闭减压阀。

高压钢瓶使用视频

2. 进样系统

（1）进样口

进样口又称气化室，其作用是使溶剂和分析物瞬间蒸发气化，进样口的温度应接近或等于分析物的沸点温度。进样口的顶部有一块耐高温的密封隔垫，既保持气密性，又可让注射器针头穿透并进样。

对于毛细管柱 GC，气化室还承担载气和样品的分流（或不分流）任务。在不分流进样模式下，所有溶剂和样品都进入色谱柱，适用于痕量组分分析；采用分流模式，只有一小部分样品（分流比为 1：20～1：100）进入色谱柱。

有的气相色谱仪还配有程序升温进样口和柱头进样装置，具体采用哪种进样技术，取决于那些对温度较为敏感的分析物的要求。

（2）进样器

GC 分析中使用气密型的微量注射器进样，进样方式有手动和自动两种。手动进样是 GC 分析中带来分析误差的一个最重要原因，通常采用 10μL 进样器，典型的进样体积为 $1～3\mu$L。即使是同一分析人员，两次进样体积也会有所不同，而不同分析人员之间的差异就更大。

3. 色谱柱系统

色谱柱系统由色谱柱温箱和安装在其中的色谱柱两部分组成。

（1）柱温箱

柱温箱用来控制色谱柱的温度，它的控温精度可达 $\pm0.1℃$。在 GC 分析中温度对分析物与固定相之间的相互作用以及利用沸点差异分离分析物都非常重要。当分析采用恒温方式进行时，分析物的保留时间和分离度均主要取决于所用温度。显然，更高的柱温可使分析物洗脱更快，当然这是以牺牲分离度为代价得到的。采用程序升温是调控分离度和缩短总分析时间有效的办法，一般升温速率控制在 $2\sim10℃/min$。

（2）色谱柱和固定相

GC 色谱柱既可以是填充柱也可以是毛细管柱。早期的 GC 分析都采用填充柱，与之相比，毛细管柱有明显的优势，其分离能力更强。

现在的毛细管柱为中空的熔融石英玻璃管（长度从 $5\sim100m$ 不等，杂质 $<100mg/kg$），管壁非常薄（一般约为 $25\mu m$），十分容易弯曲，柱外壁涂有高聚物材料，以增加强度和减少破损。柱内径一般有 0.1mm（微径柱）、$0.2\sim0.32mm$（普通毛细管）和 0.53mm（大口径柱）。固定液以化学键结合至石英玻璃壁上，其交联的厚度从 $0.1\sim5\mu m$ 不等。

4. 检测器

最常用的检测器有氢火焰离子化检测器（FID）、热导检测器（TCD）、电子捕获检测器（ECD）和火焰光度检测器（FPD），每种检测器在选择性、灵敏度、响应线性范围等特性方面都各有其特点，其中以 FID 应用最为普遍。

FID：当分析物从色谱柱流出后，在氢火焰中燃烧，产生数目相等的正离子和负离子，一个电场（一般为 300 V）加在氢火焰上方，带电离子在电场中运动形成电流，电流的大小与带电离子数量成正比，即与在氢火焰中燃烧的有机化合物的量成正比。电流信号被放大后输出，得到色谱图。FID 对有机化合物的响应非常灵敏，它对含 C—C 和 C—H 键的化合物有最大的响应，而对 H_2O、NO、CO_2、H_2S 实际没有响应。FID 具有较高的灵敏度、可信度和非常宽的线性范围，对定量分析十分有利，大多数食品分析工作中采用此检测器，如风味研究、脂肪酸分析、糖类分析，还有甾类、食品中的污染物和抗氧化剂的分析。

5. 温度控制系统

在气相色谱测定中，温度控制是重要的指标，直接影响柱的分离效能、检测器的灵敏度和稳定性。温度控制系统主要指对气化室、色谱柱、检测器三处的温度控制。在气化室要保证液体试样瞬间气化；在色谱柱室要准确控制分离需要的温度，当试样复杂时，分离室温度需要按一定程序控制温度变化，各组分在最佳温度下分离；在检测器要使被分离后的组分通过时不在此冷凝。控温方式分恒温和程序升温两种：

（1）恒温：对于沸程不太宽的简单样品，可采用恒温模式。一般的气体分析和简单液体样品分析都采用恒温模式。

（2）程序升温：所谓程序升温，是指在一个分析周期里色谱柱的温度随时间由低温到高温呈线性或非线性变化，使沸点不同的组分，各在其最佳柱温下流出，从而改善分离效果，缩短分析时间。对于沸程较宽的复杂样品，如果在恒温下分离很难达到好的分离效果，应使用程序升温方法。

6. 数据处理系统

数据处理系统由一台微型计算机和一套应用软件组成。软件包括两大部分：一部分用于控制上述四个系统的运行参数，并记录运行状态；另一部分用于采集从检测器得到的信号，并处理信号，给出色谱图和分析报告。

六、高效液相色谱仪

（一）工作原理

高效液相色谱（high performance liquid chromatography，HPLC）采用液体为流动相，根据组分在两相中分配系数的微小差异实现分离。待测组分随流动相不断移动，因而可在两相间反复多次发生质量交换，最终使各组分间本来微小的差异得以放大，从而达到分离分析的目的。液相色谱与气相色谱相比较，最大的优势在于可以分离一些难挥发但具有一定溶解性的物质或热不稳定性物质，因而在化合物的分离分析中占有相当大的比例。

（二）高效液相色谱仪构造

高效液相色谱仪一般由高压输液系统、进样系统、色谱柱分离系统和检测系统组成。其中恒流泵、色谱柱和检测系统是最为重要的部件。其流程是贮液系统中的流动相经脱气过滤后，由高压泵输送至色谱柱入口。待测试样则通过进样器注入流动相系统，通过流动相的携带被运至色谱柱中进行分离。分离后的组分经由检测器检测，传输信号至数据记录和处理系统。

1. 高压输液系统

高压输液系统由溶剂贮液系统、溶剂脱气装置、高压输液泵和梯度洗脱装置组成。溶剂贮液系统用于贮存符合 HPLC 要求的流动相，具有化学惰性，由不锈钢、玻璃等耐腐蚀性材料制成。贮液瓶位置应高于泵位置，以产生静压差。在使用过程中，贮液系统应保证密闭，以防止因蒸发而引起流动相组成发生改变或气体进入。

当溶剂中的气体流经柱子时，气泡受压而收缩或逸出，当进入检测器时，因压力骤降而释放，使基线不稳，噪声增大，甚至仪器不能正常运行。因此，溶剂进入高压泵前必须进行脱气处理。溶剂脱气分为离线脱气和在线真空脱气，前者包括真空脱气、超声波脱气和氦脱气，较常用的是真空脱气，使用 $0.45\mu m$ 滤膜（有机相膜和水相膜须分清）并减压至 $0.06\,MPa$ 即可。除此之外，还有加热回流法脱气。

高压输液泵的性能对色谱图结果影响极大。输液泵必须控制流量稳定、流量可调范围宽、输出压高、密封性能好、泵死体积小等。泵的使用和维护同等重要，如流动相不可含有腐蚀性成分、流动相须脱气、泵不能空转等。输液泵分为恒流泵和恒压泵，目前应用较多的是恒流泵。

梯度洗脱方式分为高压和低压两种。梯度洗脱需注意溶剂的互溶性、高纯度性、黏度及每次洗脱结束后对色谱柱的再生处理。

2. 进样系统

进样系统负责将试样运送入色谱柱，包括取样和进样两个方面。要求密封性好，死体积小，保证柱中心进样，进样时流量波动小及有利于自动化等。进样方式分为隔膜进样、停流进样、阀进样及自动进样，目前应用较多的是六通进样阀或自动进样。

3. 色谱柱分离系统

色谱柱是色谱仪的心脏，商品化的 HPLC 填料，如硅胶、硅胶为基质的键合相及氧化铝等，其粒度通常为 $3\mu m$、$5\mu m$、$7\mu m$ 及 $10\mu m$。色谱柱分为分析型和制备型，制备型色谱柱固定相粒度通常较大，而分析型色谱柱固定相的粒度通常较小。色谱柱分离系统由保护柱、色谱柱及柱温箱组成。其中色谱柱装填等对整个色谱实验成功起到决定性作用。要求装好的色谱柱均匀紧密，无裂纹和气泡，无颗粒破坏且颗粒度需有良好的均一性。另外，色谱柱也需要经常清洗以清除残留的各种杂质。柱温箱通常控制温度在 30~40℃。

4. 检测系统

检测器分为通用型和专用型检测器。前者包括示差折光检测器、介电常数检测器、电导检测器等，易受温度、流动相流速和组成变化影响；专用型检测器包括紫外检测器、荧光检测器和质谱检测器等，特异性针对待测组分某种理化性质进行检测。

目前应用较多的检测系统是紫外检测器、荧光检测器及示差折光检测器。紫外检测器有可变波长和二极管阵列检测器，属于非破坏性检测器，主要由光源、分光系统、流通池和检测系统组成。紫外检测器的检测原理基于朗伯-比尔定律，吸光度与待检测组分浓度成正比，即为紫外检测的定量分析依据。紫外检测法适合具有 π-π 共轭或 p-π 共轭结构的化合物，但也存在不适合无紫外吸收组分，流动相的截止波长（不同频率电磁波有两种状态：传输与截止传输和截止之间的临界状态时的波长）必须小于检测波长等缺陷。

荧光检测器用于能在紫外线激发下产生荧光的组分的检测，或利用荧光剂进行柱前或柱后衍生，从而利用荧光检测器进行检测，其灵敏性远大于紫外检测器，适合某些酶、维生素和氨基酸等的检测。

示差折光检测器是通过测定色谱柱流出液的折光指数的变化，来测量分析物的浓度，几乎是一种通用型检测器。但其灵敏度低于其他检测方法，给出的色谱峰可能是正峰，也可能是负峰，具体取决于分析物与洗脱液的折光指数的相对大小。示差折光检测器对环境温度的变化比其他类型的检测器敏感，而且不能采用梯度洗脱方法，因为洗脱液组分的任何变化都会改变其折光指数，由此导致基线信号的改变。示差折光检测器主要用于那些不含紫外吸收发色基团的分析物的检测，如食品中糖类和脂类。

（三）仪器操作步骤

以 Waters Alliance HPLC 为例。

1. 准备

流动相：按方法要求配制流动相，经 0.22μm 微孔滤膜过滤，纯流动相超声波脱气 5~10min。

样品溶液：按方法要求配制样品溶液，并以过滤或高速离心方式除去溶液中的固体微粒。

2. 开机及平衡系统

打开电脑，再打开仪器电源，待仪器各部分自检完成。

将泵清洗管路（不透明管）和洗针管路（绿管）分别放入适当的溶剂中，按控制面板"Diag"键，选择"Prime SealWash"，清洗泵头约 1min。

再选择"Prime NdlWash"，清洗进样针 1~2 次。

将配制好的流动相放入样品槽中，按控制面板"Menu/Status"键进入手动控制模式。每个通道及初始条件进行"Wetprim"，如果长时间没用或溶剂管有大量气泡时，进行"Dryprime"。

设定流速、柱温等参数，平衡系统约 30min。

按控制面板"Direct Function"键，选择"Purge Injector"，冲洗进样器。

打开计算机，运行 Empower 软件，选择存放数据文件的"项目"，点击"运行样品"。按"创建方法组"按钮，建立方法组。在右下方仪器方法下拉菜单中，选取设置好的仪器方法，按"监视器"按钮，观察基线，待基线平稳，可准备进样。

3. 进样

将样品放入样品盘中，记录每一样品对应的管号。

在 Empower 软件中"样品"状态编辑样品表，开始自动进样。

4. 数据处理及打印

在 Empower 软件中运行"浏览项目"，在"通道"表中打开数据，建立处理方法。

用建立好的处理方法处理数据。

在"结果"表中选择要打印的结果，选择打印格式，打印数据。

5. 关机

实验结束后，首先关闭检测器电源。

在样品槽中换上适当的清洗溶剂，清洗系统约 60min。

按控制面板"Diag"键，选择"Prime SealWash"，清洗泵头约1min。再选择"Prime NdlWash"，清洗进样针 1～2 次。按"Menu/Status"键进入手动控制模式，按"Direct Function"键，选择"Purge Injector"，冲洗进样器。

降低流速至 0，待系统压力回零后，关闭仪器电源。

关闭计算机及显示器电源。

七、旋转流变仪

（一）工作原理

旋转流变仪分为同轴圆筒式、锥板式和平板式。将待测液体置于两同轴圆筒的环形空间（同轴圆筒式），或平板与锥体的间隙内（锥板式），或平板与平板的间隙内（平板式），通过圆筒、锥板或平板的旋转，试样受到剪切，测定转矩值 M 和角频率 ω，便可以得到流体的剪切应力和剪切速率，进而计算出黏度。若将应力或应变以交变形式作用在高分子试样上，即可测定其动态黏弹性。

根据应力或应变施加方式的不同，旋转型流变仪的测试模式一般可分为稳态测试、瞬态测试和动态测试，区分它们的标准是应变或应力施加的方式。稳态测试采用连续的旋转来施加应变或应力以得到恒定的剪切速率，在剪切流动达到稳态时，测量由于流体形变而产生的扭矩。瞬态测试是指通过施加瞬时应变（速率）或应力来测量流体的响应随时间的变化。动态测试主要指对流体施加振荡的应变或应力，测量流体响应的应力或应变。在动态测试中，可以使用在被测试材料共振频率下的自由振荡，或者采用在固定频率下的正弦振荡。这两种方式都可用来测量黏度和模量，不同的是固定频率下的正弦振荡测试，在得到材料性能频率依赖性的同时，还可得到其性能的应变或应力依赖性。

旋转流变仪动态测量模式：①应变扫描，也叫振幅扫描，在恒定的频率和温度下，给材料施加一定范围的交变应变，测量聚合物黏弹响应随应变变化的关系，可以确定样品的线性黏弹区，以便设置频率扫描的测试参数，还可用于样品稳定性、流动性的比较；②频率扫描，在线性黏弹区内的恒定应变下，对材料施加正弦频率的交变运动，测试材料黏弹性与频率变化的关系；③温度扫描，在恒定频率和应变下，以温度为变量进行连续扫描，测试材料黏弹性随温度变化关系。

（二）仪器操作步骤

以 Anton Paar MCR 302 智能型高级旋转流变仪为例。

1. 准备工作

准备好完全脱水后的油样约 100 mL。

将完全熔化后的油样倒入试样杯，液面与杯内刻度平行。

2. 操作前检查

检查水浴水位是否符合操作要求。

检查各仪器之间连接是否正确。

3. 操作步骤

启动压缩空气阀门，压力达到 0.8MPa 后，空压机会暂停，打开气体阀。

启动水浴、流变仪主机电源。

启动计算机，打开流变仪软件。

卸下空气轴承保护套，在 Rheoplus 软件中点击控制面板，点击"初始化"。

安装所选的锥板、平板或圆筒配件，安装过程不要用力过猛，以免损伤空气轴承。

设置实验参数（由具体实验确定），将系统加热到所需的温度，偏差小于 0.2℃后，点击"间距调零"，放入样品。

将转子下降到测试位置，等待温度平衡，开始实验（实验过程中操作人员不得离开）。

实验完毕后小心卸下所有配件，在卸的过程中要注意保护空气轴承不受大的冲击，装好空气轴承保护套，小心清洗配件，注意不要损伤配件表面。

实验结束后退出 Rheoplus 软件，依次关闭流变仪、水浴，最后关闭空气阀门。

八、差示扫描量热仪

（一）工作原理

差示扫描量热技术（differential scanning calorimetry，DSC）是在程序控制温度下，测量输入到试样和参比物的功率差与温度关系的一种技术。

DSC 可测量样品的物理转变和化学反应过程中吸收或放出的热量。DSC 传感器测得的信号与热流成正比，DSC 曲线以样品吸热或放热速率（dH/dt）为纵坐标，以温度 T 或时间 t 为横坐标，可以测定多种热力学和动力学参数。DSC 具有使用温度范围宽、分辨率高、试样用量少、不使用有机试剂等特点。

DSC 主要由加热炉、程序控温系统、气氛控制系统、信号放大器和记录系统组成，可分为功率补偿型（power compensation）和热流型（heat flux）两类。功率补偿型要求试样和参比始终保持相同温度，测定为满足此条件时试样与参比间所需的能量差，将其以热量差 ΔQ 信号输出；热流型则是保证试样和参比在相同功率的条件下，测定试样和参比间的温度差，根据热流方程将温度差 ΔT 转换为热量差，并以信号形式输出。

（二）仪器操作步骤

以梅特勒 DSC 1 专业型差示扫描量热仪为例。

1. 开机

打开 DSC 主机电源。

打开计算机，双击桌面上的"STARe"图标进入 DSC 软件，输入用户名，然后建立软件与仪器的连接。DSC 和计算机的打开顺序没有严格要求。

如果测试中需要反应气或保护气，则打开反应气或保护气的阀门并调节需要的气体流量。

2. 测试步骤

点击实验界面左侧的"Routine Editor"编辑实验方法："New"为

编辑一个新的方法，"Open"为打开已经保存在软件中的实验方法。

编辑完一个新方法或打开一个已经保存的方法后，在"Sample Name"一栏中输入样品名称，在"Size"一栏中输入样品质量，然后点击"Sent Experiment"。

当电脑屏幕左下角的状态栏中出现"Waiting for Sample Insertion"时，打开 DSC 的炉盖，将制备好的含有样品的坩埚放到传感器左侧的环形区域内，盖上炉盖，然后点击软件中的"Ok"键，实验即自动开始。

测试结束后，当电脑屏幕左下角的状态栏中出现"Waiting for Sample Removal"时，打开炉盖，将样品取出。

3. 数据处理

点击"Session/Evaluation Window"打开数据处理窗口。

单击"File/Open Curve"，在弹出的对话框中选中要处理的曲线，点击"Open"打开该曲线。

根据需要对曲线进行各种处理，必要时可以参见主菜单中的"Help/Help Topics"。

4. 关机

关闭 DSC 电源，关闭计算机（DSC 和计算机的关闭顺序没有严格要求）。

关闭反应气或保护气的阀门。

5. DSC 的使用注意事项

尽量不要测试到材料的分解温度以上，以防污染炉体。

如果使用铝坩埚测试，测试最高温度不能超过 550℃。

样品如果是发泡材料一定特别小心，因为可能污染传感器。

对于爆炸性的含能材料，测试时一定要特别小心，样品量一定要非常少，以保证不会发生爆炸。

如果炉体或传感器被污染，不要使用各种工具去清理炉体或传感器。正确的方法为在高温下空烧，此项工作需要由仪器管理员来进行。

软件中的测试数据要及时备份，以防系统故障时数据丢失。

九、纳米粒度及 Zeta 电位分析仪

（一）工作原理

纳米粒度仪主要原理是动态光散射（dynamic light scattering，DLS）。动态光散射，也称光子相关光谱或准弹性光散射，用来测量光强的波动随时间的变化。DLS 技术测量粒子粒径，具有准确、快速、可重复性好等优点，已经成为纳米科技中比较常规的一种表征方法。当光射到远小于其波长的小颗粒上时，光会向各方向散射（瑞利散射）。如果光源是激光，在某一方向上，可以观察到散射光的强度随时间而波动，这是因为溶液中的微小颗粒在做布朗运动，且每个发生散射的颗粒之间的距离一直随时间变化。来自不同颗粒的散射光因相位不同产生建设性或破坏性干涉，所得到的强度随时间波动的曲线带有引起散射的颗粒随时间移动的信息。

Zeta 电位（ζ）是由胶体中粒子与粒子间的相互作用造成的，因此它可以用来预测胶体体系里粒子聚集的稳定性。Zeta 电位指的是液体中滑动面或者剪切面的电位，在这个滑动平面内，当液体在这个边界外自由运动时，它与粒子结合在一起。远离粒子的净电势（在液体中）为零。Zeta 电位仪是依据溶液界面静电双电层现象所设计的电位测试仪，Zeta 电位是胶体稳定性的关键指标，Zeta 电位绝对值越大（即越正或者越负），胶体越稳定，因此对胶体 Zeta 电位的测试非常有必要。

（二）仪器操作步骤

以 Malvern Zetasizer Nano ZS 90 纳米粒度仪为例。

1. 开机

打开稳压电源开关，再分别打开 Zetasizer 仪器、电脑和打印机，仪器预热 30min。

双击电脑桌面工作站"DTS"图标，等待仪器自检（指示灯颜色变为绿色则自检成功），进入"NanoZS900"系统工作站。

在"File"菜单中新建一个文件或打开已有的文件，确保数据存放

在所需要的文件名下。

2. 粒径测量

样品制备好以后加入样品池中，将样品池放入仪器中（必要时盖上盖子）。

单击"Measure"→"Manual"，进入测量设置界面。在"Measurement Type"中选择测量类型为"Size"。

单击"Lables"，输入样品名称。

单击"Measurement"，设置测量温度、时间和次数。

单击"Sample"，设置样品参数，单击"Manual"选择"Material Name"（如为脂质体，选择"Liposome"）/单击"Dispersant"选择被分散的介质（通常为"Water"）。

单击"Cell"，选择测量池类型（如聚苯乙烯塑料池选"DTS0012"，石英池选"PCS1115 Glass-square Aperture"）。

单击"Result Calculation"，设置力度计算模型（通常选"General Purpose"）。

设置完成后，点击确定，进入测量窗口，按"Start"即开始测量，结果会自动按记录编号保存。

结果查看：选择"Records View"栏下任意一条记录，单击状态栏上"Intensity PSD（M）"，获得光强度粒度分布图，单击"Intensity Statistics"获得光强度粒度的统计学分布详表，单击"Number"和"Volume"获得数量和体积分布图。

3. Zeta 电位测量

样品制备好以后用注射器加入到干净的样品池中，盖上塞子，插入仪器中。

单击"Measure"→"Manual"→"Measurement Type"，选择测量类型为"Zeta Potential"。

单击"Lables"，输入样品名称。

单击"Measurement"，设置测量温度、时间和次数。

单击"Sample"，设置样品参数，F值极性溶剂选择"1.5"（Smoluchowsi 模型）/非极性溶剂选择"1.0"（Huckel 模型）。

单击"Manual"选择"Material Name"（如为脂质体，选择"Liposome"）/单击"Dispersant"选择被分散的介质（通常为"Water"）。

单击"Cell"，选择测量池类型（"DTS1070 Folded Capillary Cell"）。

单击"Result Calculation"，设置电位计算模型（通常选"General Purpose"；若样品电导率高于 5s/m，则选"Monomodal"）。

设置完成后，点击确定，进入测量窗口，按"Start"即开始测量，点"Zeta Potential"，可查看实时结果。

结果查看：选择"Records View"栏下任意一条记录，单击状态栏上"Zeta Potential"或者"Zeta"电位值。

关机程序：先关闭软件和电脑，再关闭仪器电源。

4. 注意事项

禁止使用任何强腐蚀溶剂，含有机溶剂样品不能进行电位测量，粒度测量需用石英样品池。

放入样品测量池前，确认池表面无液体残留。

测量温度 $\leqslant 50℃$；粒度测定样品体积 $1 \sim 1.5$ mL；电位测定样品体积 $0.75 \sim 1.5$ mL。

第三章

食品化学基础实验

第一节 水分基础实验

一、食品中水分活度的测定

（一）实验目的

了解水分活度的概念及康威法测定水分活度的原理；学会扩散法测定食品中水分活度的操作步骤；了解康威法及水分活度仪测定法的区别。

（二）实验原理

食品中水分含量对食品品质特性（蛋白质变性、脂肪氧化、褐变以及微生物活动等）的影响非常大，含水量高的食品容易变质、生霉。但是，水分含量相同的不同食品，其变质速度不同。这一现象除与食品的组成成分、组织结构有关外，还与水在食品中的存在状态和结合形式有关，即与水分活度（a_w）有关。水分活度与试样中的水分含量有一定关系，通常水分含量越高，a_w越大。但有些试样中水分的存在形式不同，不符合这一规律。

水分活度定量描述了试样中水分的自由度，当食品储藏环境中空气的水分活度大于食品的水分活度时，食品就会吸湿，使食品中的自由水增加，各种有水参加的酶促化学反应和非酶促化学反应速率加快、微生物大量繁殖，加速食品的腐败变质；反之，食品水分挥发解吸，使食品中的自由水减少并趋于干燥，各种有水参加的酶促化学反应和非酶促化学反应、微生物活动被抑制。但是，食品的一些物理特性变化，可导致食用品质下降。

康威法（Conway法）是在康威氏扩散皿的密封和恒温条件下，将样品置于康威氏扩散皿的内室中，在外室中装有一定量的不同标准饱盐溶液，使扩散皿中形成不同湿度的环境，样品中水分扩散并迅速达到平衡。样品表面与环境蒸气压平衡后，根据样品质量的变化与标准试剂的水分活度作图，计算样品的水分活度（a_w）值。

（三）仪器与材料

仪器：分析天平、恒温箱、康威氏扩散皿、玻璃皿等。

试剂：各类饱和盐溶液。

（四）实验步骤

1. 样品称量

在预先恒重且精确称量的玻璃皿中，精确称取 1.0000g 均匀样品并迅速放入康威氏扩散皿内室中。

2. 加入饱和标准试剂

在康威氏扩散皿外室中预先放入饱和标准试剂 5mL。通常选择 2～4 种饱和标准试剂，每只扩散皿装一种，其中各有 1～2 份饱和标准试剂的 a_w 值大于和小于试样的 a_w 值。

（1）加盖密封及平衡。在康威氏扩散皿磨口边缘均匀涂上真空脂或凡士林，样品放入后，迅速加盖密封，并移至 (25.0±0.5)℃ 的恒温箱中放置 (2.0±0.5) h（绝大多数样品可在 2h 后测得 a_w）。

（2）称量。取出玻璃皿，用分析天平迅速称量。再次平衡 0.5h 后，称量，直至恒重。分别计算各样品的质量增减数。

（3）结果计算。以各标准饱和溶液在 25℃ 时的 a_w 值（表 3-1）为横坐标，样品的质量增减数为纵坐标作图，将各点连成一条直线，这条直线与横坐标的交点即为所测样品的水分活度值。

表 3-1　各饱和溶液的水分活度值（25℃）

饱和溶液	a_w	饱和溶液	a_w
氯化锂饱和溶液	0.113	氯化钠饱和溶液	0.753
氯化镁饱和溶液	0.328	溴化钾饱和溶液	0.809
碳酸钾饱和溶液	0.432	硫酸铵饱和溶液	0.810
硝酸镁饱和溶液	0.529	氯化钾饱和溶液	0.843
溴化钠饱和溶液	0.576	硝酸锶饱和溶液	0.851

饱和溶液	a_w	饱和溶液	a_w
氯化钴饱和溶液	0.649	氯化钡饱和溶液	0.902
氯化锶饱和溶液	0.709	硝酸钾饱和溶液	0.936
硝酸钠饱和溶液	0.743	硫酸钾饱和溶液	0.973

3. 注意事项

（1）称量样品时应迅速，各份样品称量应在同一条件下进行。

（2）应保证康威氏扩散皿有良好的密封性。

（五）分析与讨论

1. 分析康威法与水分活度仪测定法的区别。

2. 简述水分活度在食品工业生产中的意义。

第二节　糖类基础实验

一、淀粉的糊化和凝胶化

（一）实验目的

了解及掌握淀粉糊化和凝胶化的原理；了解直链/支链淀粉比对淀粉糊黏度和淀粉凝胶强度的影响；了解温度、蔗糖及有机酸等因素对淀粉糊化及凝胶形成的影响。

（二）实验原理

淀粉粒在水中加热所发生的变化叫糊化。常温下，淀粉悬液中的淀粉粒无明显变化，随着加热到 $60\sim70℃$，水分子可穿透淀粉粒中的无定形区，继续升温则结晶区的氢键被打断，整个淀粉粒会更加疏松膨胀，使全部淀粉粒发生膨胀，双折射现象从开始失去到完全失去的温度范围叫糊化温度范围。在糊化中除淀粉膨胀外，直链淀粉还会从膨胀的淀粉粒中向外淋滤，当直链淀粉扩散到水中后就形成胶体溶液，而未破坏的淀粉粒悬浮于其中，当温度更高时，淀粉粒便破裂成系列片段。

糊化后的淀粉液冷却时，直链淀粉间首先形成氢键而相互结合，当高度膨胀的淀粉粒与临近的直链淀粉间形成广泛的三维网状结构而形成凝胶时，大量水固定在该网状结构中。凝胶形成后的前几个小时，凝胶强度不断加强，直至趋于稳定。仅含支链淀粉的淀粉粒溶液不能形成凝胶（尽管黏度可能不小），除非含量高达 30% 以上。一般情况下，增加直链淀粉的比例，黏度和凝胶强度都增加。

淀粉的糊化及凝胶化极易受食品中多种其他成分影响。例如，蔗糖会使黏度降低，能使糊化起始温度提高，还能使膨胀的淀粉更耐机械作用力，而不易被打碎。酸能使淀粉糊黏度降低，也能使淀粉凝胶强度降低。在酸热作用下，淀粉会水解为糊精，既会导致淀粉粒过早片段化，又会导致进入溶液的直链淀粉部分水解。但不论是加入蔗糖或是加入酸都会使淀粉糊更加透明。

（三）仪器与材料

仪器：温度计、线扩散模具（或用切口整齐的粗玻璃管代替）、小玻璃板（10cm×10cm），300mL烧杯、500mL量筒等。

材料：冰、蔗糖、柠檬汁、玉米淀粉。

基本配方：玉米淀粉16g，水236mL。

（四）实验步骤

1. 基本操作

称料后把淀粉与水加入锅中，搅匀后小火加热，不断搅动直至沸腾，记录沸点温度，在沸腾下搅动保持1min。将锅自然冷却至90℃，取20mL热溶胶液，加入线扩散模具（放于玻璃板上），然后提起模具，让溶胶液自然向四周分散，直到停止扩散（或限定扩散时间为1min）。测量线扩散在东、南、西、北四个方向的扩散距离，其平均值即为线扩散值。

完成线扩散测量后，将剩余溶胶液的一部分（定量，如50mL）倒入烧杯中，用玻璃板盖住杯口，然后放入冰水中冷却，另一部分自然冷却。当温度达到30℃时，再取20mL作线扩散实验。用竹签插入杯内的凝胶中，测量凝胶高度。然后将杯中凝胶块倒在玻璃板上，再次用竹签测量高度，求出凝胶下陷比例：

下陷比例/％＝〔（容器内高度－容器外高度）/ 容器内高度〕× 100

2. 添加蔗糖和柠檬汁

（1）基本配方中增加25g蔗糖，其他操作不变。

（2）基本配方中增加50g蔗糖，其他操作不变。

（3）基本配方中用30mL柠檬汁取代相同量的水，其他操作不变。

（4）在基本配方中用60mL柠檬汁取代相同量的水，其他操作不变。

3. 糊化温度研究

将淀粉按基本配方的量配料后,依次进行下列实验。配料入锅,小火加热,不断搅动,随时监测温度,当温度达到 70℃、80℃、90℃、95℃、沸腾温度时立即作线扩散实验。

（五）分析与讨论

分析淀粉凝胶形成的原理,简述其特性和用途。

二、淀粉的液化和糖化

（一）实验目的

了解淀粉的液化和糖化过程,了解淀粉糖化程度对其性质的影响;掌握淀粉的液化和糖化工艺,以及淀粉糖化程度（DE 值）的测定方法。

（二）实验原理

淀粉的酶法液化是以 α-淀粉酶为催化剂,该酶是一种内切酶,它能随机水解淀粉分子中的 α-1,4-糖苷键,使淀粉生成麦芽糖、葡萄糖与糊精。

淀粉的糖化是以糖化酶（γ-淀粉酶）为催化剂,该酶是一种外切酶,它从淀粉分子非还原端依次切割 α-1,4-糖苷键和 α-1,6-糖苷键,逐个切下葡萄糖残基,生成葡萄糖。

淀粉的糖化程度,即 DE 值,是指还原糖（以葡萄糖计）占糖浆干物质的比例。国家标准中,DE 值越高,葡萄糖浆的级别越高。

玉米淀粉酶法制糖浆工艺过程中,液化与糖化是两个关键步骤。玉米淀粉糖化程度直接受糖化工艺的影响,在固定酶用量的基础上,糖化的温度与时间是糖化程度（DE 值）的关键影响因素。

（三）仪器与材料

仪器:分析天平、恒温水浴锅、电炉、pH 计等。

材料与试剂:玉米淀粉、0.5％ α-淀粉酶溶液、0.5％糖化酶溶液、

2%盐酸溶液、2%氢氧化钠溶液、10g/L次甲基蓝指示液、2g/L葡萄糖标准溶液、碘液、斐林试剂。

（四）实验步骤

1. 不同DE值淀粉糖浆的制备

50g玉米淀粉置于锥形瓶中，加水150mL，搅拌均匀，浸泡15min，使玉米淀粉充分吸水，配成淀粉浆；于95℃水浴上加热，并不断搅拌，使淀粉浆由开始糊化到完全成糊（＞10min），呈透明状。冷却淀粉糊至85℃以下，用2%盐酸溶液与2%氢氧化钠溶液调pH到6.0左右，添加20mL 0.5%α-淀粉酶溶液，使温度保持在80℃（水浴摇床），先液化30min，然后把玉米淀粉液化液煮沸10min，再冷却到85℃以下，再加入20mL 0.5%α-淀粉酶溶液液化30min，碘液检验不变色，证明液化完全。搅拌20min使其充分液化。液化完全后，将液化样液煮沸10min，灭酶。

按照上述方法制备8组液化样液，调pH到5.0左右，加入20mL 0.5%糖化酶溶液。然后选其中3组样液，将其温度降到60℃，恒温糖化5h、10h、15h，糖化完成后将其煮沸灭酶，待用；取4组样液，将其温度调整为50℃、55℃、65℃、70℃，恒温糖化10h，糖化完成后将其煮沸灭酶，待用；剩余1组做对照处理。将上述的8组液化样液作为不同DE值的待测样液（玉米淀粉糖浆），进行DE值的测定。

2. 糖化程度（DE值）的测定

（1）斐林试剂标定

先吸取斐林试剂甲液5.0mL，再吸取斐林试剂乙液5.0mL，置于150mL锥形瓶中，加水20mL，加入玻璃珠3粒，预先滴加24mL葡萄糖标准溶液，放置在电炉上，控制在2min内加热至沸腾，并保持微沸。加2滴次甲基蓝指示液，继续滴加葡萄糖标准溶液，直至溶液蓝色刚好消失为终点，滴定操作应在3min内完成。记录消耗葡萄糖标准溶液的体积，同时平行操作3份，取其平均值，并做空白试验。计算出每10mL（甲、乙液各5mL）斐林试剂溶液相当于葡萄糖的质量，即还原力（reducing power，RP），单位为g。计算公式如下：

$$RP = c(V_1 - V_0)$$

式中　RP——10mL（甲、乙液各5mL）斐林试剂溶液相当于葡萄糖的质量，g；

　　　c——葡萄糖标准溶液浓度，g/mL；

　　　V_1——试样消耗葡萄糖标准溶液的总体积，mL；

　　　V_0——空白消耗葡萄糖标准溶液的总体积，mL。

（2）样品溶液测定

样液的制备：将待测样液（玉米淀粉糖浆）移入250mL容量瓶中，加水稀释至刻度，摇匀备用。

滴定：先吸取斐林试剂甲液5.0mL，再吸取斐林试剂乙液5.0mL，置于150mL锥形瓶中，加水20mL，并加入玻璃珠3粒，预先滴加一定量的样液（加入量依据每个样品的预试验而定），放置在电炉上，控制在2min内加热至沸腾，并保持微沸。加2滴次甲基蓝指示液，继续滴加样液，直至溶液蓝色刚好消失为终点，滴定操作应在3min内完成。记录消耗样液的体积，同时平行操作3份，取其平均值，并做空白试验。样品DE值按下式计算，数值以％表示。

$$X = \frac{RP}{m\frac{V_2-V_0}{250}DMC} \times 100$$

式中　X——DE值，即样品中葡萄糖当量值（样品中还原糖占干物质的比例），％；

　　　RP——10mL（甲、乙液各5mL）斐林试剂溶液相当于葡萄糖的质量，g；

　　　m——称取样品的质量，g；

　　　V_2——消耗样液的总体积，mL；

　　　V_0——空白消耗样液的总体积，mL；

　　　250——配制样液的总体积，mL；

　　DMC——样品干物质（固形物）的质量分数，％。

（五）分析与讨论

简述淀粉液化和糖化的区别。

三、食品中的美拉德反应及其影响因素

（一）实验目的

了解和掌握美拉德反应的基本原理和影响因素；掌握美拉德反应的测定方法和操作步骤。

（二）实验原理

美拉德反应是羰基化合物与氨基化合物之间的反应，一般是由还原糖（主要是 D-葡萄糖）与游离氨基酸或蛋白质链上氨基酸残基的游离氨基发生的化学反应。美拉德反应初始产物的中间体邻酮醛糖能脱水生成环状化合物羟甲基糠醛（HMF），并最终形成黑色素。

将氨基酸及葡萄糖的混合溶液加热，随着美拉德反应不断进行，溶液颜色逐渐变深，产物在近紫外区吸光度增大。美拉德反应会对食品体系的色泽和风味产生较大影响。

（三）仪器与材料

用具：水浴锅、高压灭菌锅、酶标仪、酶标板、pH 试纸、天平、具塞试管、移液枪及枪头、枪盒、试管架、滴管、烧杯、手套、玻璃棒等。

试剂：0.4mol/L 甘氨酸溶液、0.4mol/L 葡萄糖溶液、0.4mol/L 蔗糖溶液、1mol/L 盐酸溶液、1mol/L 氢氧化钠溶液、0.1mol/L Na_2SO_3 溶液。

（四）实验步骤

1. 加热反应

取 12 支试管，依次编号 A1～A6，B1～B6，按表 3-2 添加试剂，A 组样品 100℃反应 20min，B 组样品 121℃反应 20min，反应后冷却至室温。

表 3-2　美拉德反应试剂添加表　　　　　　　单位：mL

试剂	A1/B1	A2/B2	A3/B3	A4/B4	A5/B5	A6/B6
甘氨酸	1.0	1.0	1.0	1.0	1.0	1.0
葡萄糖	1.0	1.0	1.0	1.0	—	—
蔗糖	—	—	—	—	1.0	—
Na_2SO_3	—	—	—	0.5	—	—
氢氧化钠	—	—	0.2	—	—	—
盐酸	—	0.2	—	—	—	—
水	3.0	2.8	2.8	2.5	3.0	4.0

2. 结果测定

（1）加热反应前后，用 pH 试纸测量各样品 pH。

（2）设计感官评价表，观察记录样品的颜色变化。

（3）用酶标仪测定样品在 420nm 处吸光度（酶标板每孔加待测液体积为 $200\mu L$）。

3. 注意事项

（1）清晰准确标注试管编号，转移试管时谨防滑落。

（2）加热反应时注意水浴锅、高压灭菌锅的操作，小心烫伤。

（3）注意酶标仪的操作：酶标板应保持干净；加液时必须保证每孔加液量一致；放入酶标仪时应小心，防止溶液振荡溅出，板应放置到位以防卡机。

（五）分析与讨论

1. 分析温度、pH、糖种类、常用食品添加剂等因素对美拉德反应的影响。

2. 列举一个有非酶褐变发生的食品体系，分析非酶褐变对食品品质的影响并提出控制（加速或抑制）措施。

美拉德反应
实验视频

四、果胶的提取

（一）实验目的

了解及掌握果胶的结构；掌握酸提取果胶的原理及操作步骤。

（二）实验原理

果胶是高分子糖类化合物，广泛存在于苹果、山楂和柑橘类等的果皮或果渣中。果胶的基本结构是以 α-1,4-糖苷键连接的聚半乳糖醛酸，其中部分羧基被甲酯化，其余的羧基与钾、钠、铵离子结合成盐，其结构式如图 3-1 所示。

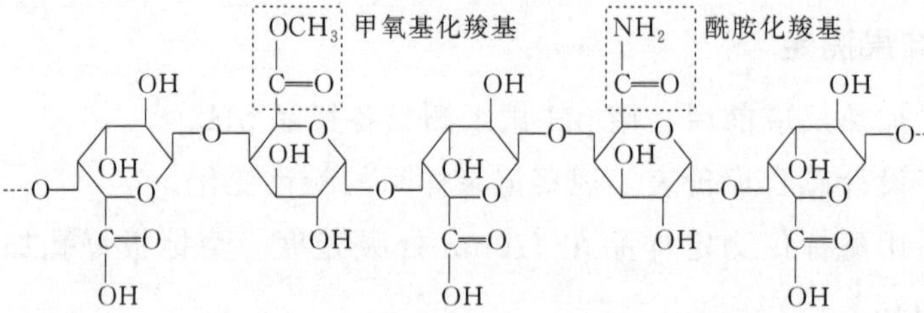

图 3-1　果胶结构式

果胶在植物体中，以原果胶、果胶和果胶酸 3 种形式存在。在果蔬中，尤其是在未成熟的水果中，果胶多数以原果胶形式存在，原果胶是以金属离子桥（特别是钙离子）与多聚半乳糖醛酸中的游离羧基相结合。原果胶不溶于水，原果胶用稀酸处理或与果胶酶作用时可转变为可溶性果胶，再进行脱色、沉淀、干燥，即可得商品化果胶。

（三）仪器与材料

仪器：pH 计、酒精计、抽滤机、烧杯等。

试剂：0.25％ HCl 溶液、95％乙醇、稀氨水、活性炭、硅藻土等。

材料：柑橘皮（新鲜）、尼龙布。

（四）实验步骤

1. 果胶的提取

（1）原料预处理：称取新鲜柑橘皮 20g 用清水洗净后，放入 250mL 烧杯中加 120mL 水，加热至 90℃保持 5～10min，使酶失活。用水冲洗后切成 3～5mm 大小的颗粒，用 50℃左右的水漂洗，直至水为无色、果皮无异味为止。每次漂洗必须把果皮用尼龙布挤干，再进行下一次漂洗。

（2）酸水解萃取：将预处理过的果皮粒放入烧杯中，加入约0.25%的盐酸溶液60mL，浸没果皮，调节 pH 为 2.0～2.5，加热至90℃煮 45min，趁热用尼龙布（100 目）过滤。

（3）脱色：在滤液中加入 0.5%～1% 的活性炭于 80℃ 加热20min 进行脱色和除异味，趁热抽滤，如抽滤困难可加入 2%～4%的硅藻土作助滤剂。如果柑橘皮漂洗干净，萃取液为清澈透明，则不用脱色。

（4）沉淀：待萃取液冷却后，用稀氨水调节 pH 为 3～4，在不断搅拌下加入 95% 乙醇，加入乙醇的量约为原体积的 1.3 倍，使酒精浓度达 50%～60%（可用酒精计测定），静置 10min。

（5）过滤、洗涤、烘干：用尼龙布过滤，果胶用 95% 乙醇洗涤两次，60～70℃烘干。将烘干的果胶粉碎、过筛、包装即为产品。滤液可用分馏法回收酒精。

（五）分析与讨论

1. 为什么用酸提取果胶？
2. 分析原果胶、果胶和果胶酸在结构和性质上的差异。

五、高甲氧基果胶酯化度的测定

（一）实验目的

了解高甲氧基果胶和低甲氧基果胶的区别；掌握高甲氧基果胶酯化度的测定方法。

（二）实验原理

果胶因有良好的增稠、胶凝作用，国内外已经广泛用于食品、医药等行业。通常根据果胶分子链中半乳糖醛酸甲酯化比例的高低，将果胶划分为低甲氧基果胶（甲氧基含量小于 7%）和高甲氧基果胶（甲氧基含量大于 7%）。由于两类果胶分子结构上的差异，其果胶的性质、凝胶机理差异较大。

高甲氧基果胶中一半以上的羧基发生甲酯化（以—$COOCH_3$ 形式存在），剩余羧基以游离酸（—$COOH$）及盐（—$COO^- Na^+$）形式存在。首先将盐形式的—$COO^- Na^+$ 转换成游离羧基，用碱溶液滴定计算出果胶中游离羧基的含量，即为果胶的原始滴定度。然后加入过量浓碱将果胶皂化，将果胶分子中的—$COOCH_3$ 转换成—$COOH$，再加入等物质的量的酸中和所加的浓碱，再用碱液滴定新转换生成的—$COOH$，可测得甲酯化的羧基的量。由游离羧基及甲酯化羧基的量可计算果胶的酯化度。

（三）仪器与材料

仪器：天平、锥形瓶、滴定管、烧杯、砂芯漏斗、烘箱。

试剂、材料：60％异丙醇、5mL 浓盐酸与 100mL 60％异丙醇混合试剂、无水乙醇、0.02mol/L 和 0.5mol/L 氢氧化钠标准溶液、0.5mol/L 盐酸标准溶液、1％酚酞乙醇溶液、硝酸银溶液。

（四）实验步骤

1. 准确称取 0.500g 高甲氧基果胶于烧杯中，加入一定量的混合试剂，搅拌 10min，移入砂芯漏斗中，用混合试剂洗涤，每次 15mL 左右，再以 60％异丙醇洗涤样品，至滤液不含氯化物（可用硝酸银溶液检验）为止。最后，用 20mL 60％异丙醇洗涤，移入 105℃烘箱中干燥 1h，冷却后称重。

2. 称取 1/10 步骤 1 中经冷却的样品，移入 250mL 锥形瓶中，用 2mL 无水乙醇润湿，加入 100mL 不含二氧化碳的水，用瓶塞塞紧，不断转动，使样品溶解。加入 2 滴酚酞指示剂，用 0.02mol/L 氢氧化钠标准溶液滴定，记录所消耗氢氧化钠标准溶液的体积（V_1），即为原始滴定度。

3. 继续加入 20mL 0.5mol/L 的 NaOH 标准溶液，加塞后强烈振摇 15min，加入等物质的量的 0.5mol/L 的 HCl 标准溶液，充分振荡。然后加入 2 滴酚酞乙醇溶液，用 0.02mol/L NaOH 标准溶液滴定至微红色。记录消耗的 NaOH 标准溶液的体积（V_2），即为皂化滴定度。

高甲氧基果胶的酯化度按下式计算：

$$高甲氧基果胶的酯化度 / \% = \frac{V_2}{V_1 + V_2} \times 100$$

式中 V_1——样品溶液的原始滴定度，mL；

V_2——样品溶液的皂化滴定度，mL。

（五）分析与讨论

简述高甲氧基果胶和低甲氧基果胶在结构及应用上的区别。

第三节　蛋白质基础实验

一、蛋白质功能性质的测定

（一）实验目的

以蛋清蛋白、卵黄蛋白、大豆分离蛋白和明胶为原料，了解蛋白质的功能性质及其影响因素。

（二）实验原理

蛋白质的功能性质一般是指能使蛋白质成为人们所需要的食品特征而具有的物理化学性质，即食品加工、贮藏、销售过程中发生作用的那些物理化学性质，这些性质对食品的质量及风味起着重要的作用。蛋白质的功能性质与蛋白质在食品体系中的用途有着十分密切的关系，是开发和有效利用蛋白质资源的重要依据。

蛋白质的功能性质可分为水化性质、表面性质、蛋白质-蛋白质相互作用的有关性质三个主要类型。主要包括吸水性、溶解性、保水性、分散性、黏度和黏着性、乳化性、起泡性、凝胶作用等。蛋白质的功能性质及其变化规律非常复杂，受多种因素的影响，比如，蛋白质种类、蛋白质浓度、温度、溶剂、pH、离子强度等。

（三）仪器与材料

仪器：100mL/50mL 烧杯、普通玻璃试管、刻度试管、50mL 塑料离心管、pH 试纸、恒温水浴锅、天平等。

试剂：1mol/L 盐酸溶液、1mol/L 氢氧化钠溶液、饱和氯化钠溶液、饱和硫酸铵溶液、酒石酸、硫酸铵、氯化钠、氯化钙饱和溶液、水溶性曙红 Y、明胶、大豆分离蛋白粉、蛋清蛋白、植物油。

2%蛋清蛋白溶液：取 2g 蛋清加 98g 蒸馏水稀释，过滤取清液。

5％蛋清蛋白溶液：取5g蛋清加95g蒸馏水稀释，过滤取清液。

卵黄蛋白：鸡蛋除蛋清后剩下的蛋黄捣碎。

（四）实验步骤

1. 蛋白质的水溶性

在50mL的小烧杯中加入0.5mL蛋清蛋白并加入5mL水，摇匀，观察其水溶性，有无沉淀产生。在溶液中逐滴加入饱和氯化钠溶液，摇匀，得到澄清的蛋白质的氯化钠溶液。

取上述蛋白质的氯化钠溶液3mL，加入3mL饱和的硫酸铵溶液，观察球蛋白的沉淀析出，再加入粉末硫酸铵至饱和，摇匀，观察清蛋白从溶液中析出，解释蛋清蛋白在水中及氯化钠溶液中的溶解度以及蛋白质沉淀的原因。

在四个试管中各加入0.15g大豆分离蛋白粉，分别加入5mL水、5mL饱和氯化钠溶液，5mL 1mol/L的氢氧化钠溶液，5mL 1mol/L的盐酸溶液，摇匀，在温水浴（60℃）中温热片刻，观察大豆蛋白在不同溶液中的溶解度。

在第1、2支试管中加入饱和硫酸铵溶液3mL，析出大豆球蛋白沉淀。第3、4支试管中分别用1mol/L盐酸及1mol/L氢氧化钠中和至pH 4～4.5（用pH试纸测定），观察沉淀的生成，解释大豆蛋白的溶解性及pH对大豆蛋白溶解性的影响。

2. 蛋白质的乳化性

取2.5g卵黄蛋白加入250mL锥形瓶中，加入47.5mL水、0.25g氯化钠，混合均匀后，一边摇匀一边加入植物油10mL，加完后，手握锥形瓶，较强烈地振荡5min使其分散成均匀的乳状液，静置10min，待泡沫大部分消除后，观察乳化效果，油相和水相是否出现分层。从乳化层中取出10mL液体加入玻璃试管中，加入少量水溶性曙红Y溶液，将体系染色均匀，取一滴乳状液在显微镜下仔细观察，被染色部分为水相，未被染色部分为油相，根据显微镜下观察所得到的染料分布，确定该乳状液是属于水包油型还是油包水型。绘制示意图描述观察到的现象，两种乳状液的形态示意图如图3-2所示，此图中用黑色代表油相、白色代表水相。

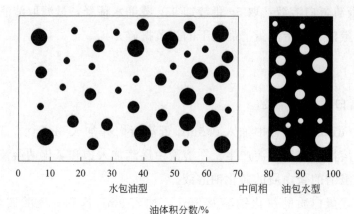

0　10　20　30　40　50　60　70　　80　90　100

水包油型　　　　　　　　　中间相　油包水型

油体积分数/%

图 3-2　水包油型和油包水型乳状液形态示意图

3. 蛋白质的起泡性

取 2 个 50mL 带刻度的塑料离心管，分别加入 2％和 5％的蛋清蛋白溶液 15mL，扭紧盖，同时用力上下振荡 1～2min，观察泡沫产生的数量及泡沫稳定性有何不同。从刻度上分别读取产生泡沫的体积 V，起泡性计算如下：

$$起泡性/\% = \frac{泡沫体积}{溶液原体积} = \frac{V}{15} \times 100$$

静置，分别记录泡沫完全消除的时间，表示泡沫稳定性。

泡沫稳定性测定：静置不同时间后，泡沫层高度的变化，分别记录 5min、10min、15min、20min 后泡沫层高度变化。稳定性计算如下：

$$泡沫稳定性/\% = \frac{静置后泡沫层高度}{初始泡沫层高度} \times 100$$

取 3 支刻度试管，各加入 2％蛋清蛋白溶液 5mL，其中一份加入酒石酸 0.1g，一份加入氯化钠 0.1g，另一份做对照，混匀后，用 pH 试纸测定各管的 pH，然后以相同的方式振荡 2min，观察泡沫产生的多少及泡沫稳定性有何不同，并计算起泡性和泡沫稳定性。

4. 蛋白质的胶凝作用

在试管中加入 1mL 蛋清蛋白，加 1mL 水和几滴饱和氯化钠溶液至溶液澄清，放入沸水浴中，加热片刻，观察凝胶的形成。

在 100mL 烧杯中加入 2g 大豆分离蛋白粉、40mL 水，在沸水浴中加热不断搅拌均匀，稍冷，将其分成二份，一份加入 5 滴饱和氯化钙溶液，另一份加入 5 滴蒸馏水，放置温水浴（60℃）中数分钟，观察比较凝胶的生成情况。

在试管中加入 0.5g 明胶及 5mL 水，将试管放置于水浴锅，60℃加热 20min，使明胶受热溶解形成黏稠溶液，将黏稠状液体倒入平皿内，冷却后观察凝胶的生成。

（五）分析与讨论

明胶胶凝
实验视频

1. 简述蛋白质不同功能在不同类型食品（例如：焙烤类、乳制品、糖果类、饮料类等）中的应用。

2. 酒石酸和氯化钠对蛋白质形成的泡沫稳定性有何影响？为什么？

二、蛋白质的酶解改性

（一）实验目的

了解和掌握蛋白质酶解的基本原理和影响因素；了解蛋白质酶解前后性质的变化。

（二）实验原理

用蛋白水解酶（protease）使蛋白质部分水解可以改变蛋白质功能性质，如溶解性、分散性、起泡性和乳化性等。蛋白质酶解作用是指蛋白水解酶作用于蛋白质中的肽键，当反应完成时，终产物是蛋白质中所有组分氨基酸的混合物；不完全水解产物是原蛋白质水解多肽的混合物。蛋白质酶解产物的功能性质取决于水解程度（DH）及产物的物理化学性质。

（三）仪器与材料

用具：水浴锅、黏度计、涡旋振荡器、离心管、移液枪及枪头、枪盒、试管架、烧杯、手套、玻璃棒等。

试剂：15％酪蛋白溶液、2％大豆蛋白溶液、中性蛋白酶、木瓜蛋白酶溶液、山茶油等。

（四）实验步骤

1. 酶解反应

将大豆蛋白溶液和木瓜蛋白酶溶液放入 60℃ 恒温水浴中预热 2min。

准备 3 只离心管 A、B、C，其中 A 管加入 4mL 酪蛋白溶液及 0.1g 中性蛋白酶粉，B 管加入 2mL 大豆蛋白溶液及 1mL 木瓜蛋白酶溶液，C 管加入 2mL 大豆蛋白溶液及 1mL 蒸馏水。

将 3 管样品涡旋振荡摇晃均匀，60℃ 水浴中保温 15min（注意：A 管样品加热酶解前先测一次黏度）。

2. 蛋白质性质测定

酶解结束冷却至室温后，观察比较 A 管中酪蛋白酶解前后的现象，并用黏度计测定酶解后样品的黏度。

当 B、C 管样品反应结束冷却至室温后，向两管中各加入 0.5mL 山茶油，摇晃均匀静置 10～15min，观察样品现象。

3. 注意事项

清晰准确标注试管编号，盖好试管盖，谨防滑落或进水。

在黏度计测量过程中，不要让黏度计转子触碰到试管壁，以免影响实验结果。

（五）分析与讨论

1. 分析本实验中蛋白质在酶解前后的性质变化及其原因。

2. 举例简要说明某一蛋白质的功能性质及其在食品工业中的应用。

蛋白质酶解
实验视频

三、大豆蛋白的碱溶酸沉法分离提取

（一）实验目的

掌握蛋白质提取的原理及操作步骤；了解蛋白质等电点及其应用。

（二）实验原理

目前用于大豆蛋白质分离提取的方法较多，但是工业上常用的传统方法主要是碱溶酸沉法。将低温脱脂大豆粉用稀碱液浸提后，经过滤或离心分离就可以除去豆粕中的不溶性物质（主要是多糖或残留蛋白质）。当用酸把浸出液 pH 调到 4.5 左右时，蛋白质处于等电点状态而凝集沉淀下来，经分离可得蛋白质沉淀物，再经干燥即得分离大豆蛋白。

（三）仪器与材料

仪器：离心分离机、凯氏定氮仪、真空干燥箱、恒温水浴锅、电动搅拌器等。

试剂：0.3mol/L NaOH 溶液、0.3 mol/L HCl 溶液、0.05 mol/L HCl 标准溶液、4％硼酸溶液、硫酸铜、硫酸钾、浓硫酸、甲基红-溴甲酚绿混合指示剂等。

试样：脱脂豆粕。

（四）实验步骤

1. 粉碎与浸提

将脱脂豆粕用粉碎机粉碎，过 0.425mm 筛，准确称取豆粕粉 10.00g，加入 100mL 蒸馏水，用 0.3mol/L NaOH 溶液将浸提液 pH 调至 9.0～9.5，搅拌浸提 0.5h，搅拌速度为 30～35r/min，浸提温度为 50℃。提取蛋白质后以 4000r/min 离心分离 20min，得到含有蛋白质的上层清液。残渣再加入 100mL 蒸馏水，在第一次浸提条件相同的情况下，再浸提 0.5h。离心得到上清液，合并两次上清液。

2. 酸沉

在不断搅拌的情况下（搅拌速度为 30～35r/min），在上清液中缓缓加入 0.3mol/L HCl 溶液，调整溶液 pH 至 4.4～4.6，使蛋白质在等电点状态下沉淀。加酸时要不断检测溶液的 pH，当全部溶液都达到等电点时，应立即停止搅拌，静置 20min，使蛋白质能形成较大的颗粒而沉淀下来，沉淀速度越快越好。

3. 离心与洗涤

用离心机将酸沉下来的沉淀物离心脱水，弃去上清液。沉淀物用50～60℃的温水 10mL 洗涤两次，离心，弃去洗液，得到蛋白质沉淀。

4. 真空干燥

将得到的蛋白质沉淀转入已烘至恒重的称量皿中，放入真空干燥箱中进行干燥至恒重，干燥温度为 70℃，真空度为 93.3～98.6kPa。

5. 测定蛋白质含量

将干燥后的蛋白质样品准确称取 100.0mg，加入凯氏定氮仪消煮管中，按凯氏定氮法进行消化、蒸馏和滴定。记下滴定样品及空白样液消耗标准盐酸溶液的体积。

6. 结果计算

粗蛋白含量按以下公式计算：

$$N = \frac{1.401 \times M \times (V - V_0)}{W} \times 100$$

$$P = N \times C$$

式中　N——含氮量，%；

　　　P——粗蛋白含量，%；

　　　M——标准盐酸浓度，mol/L；

　　　W——样品质量，g；

　　　V_0——空白样液滴定标准酸消耗量，mL；

　　　V——样品滴定标准酸消耗量，mL；

　　　C——粗蛋白转换系数。

7. 注意事项

（1）在浸提过程中，原料的粒度、加水量、浸提温度、浸提时间及 pH 都会影响蛋白质的溶出率和浸提效率。原料的粒度越小，蛋白质的溶出率和浸提效率均可提高，但颗粒过小会造成浸提残渣分离困难。加水量越多，蛋白质的溶出率和浸提效率越高，但加水量过多，酸沉困难。一般加水量为原料的 10～20 倍。浸提温度越高，浸提效率越高，对蛋白质的溶出率影响不大，但浸提温度过高时，黏度增加，分离困难，且蛋白质易变性，影响蛋白质的工艺性能，同时增加实验能耗。

（2）在酸沉过程中加酸速度和搅拌速度是关键，控制不好会降低蛋白质的酸沉得率，虽然达到了等电点的 pH，但蛋白质凝集下沉极为缓慢，且含水量高，上清液混浊；酸沉时的搅拌速度宜慢不宜快，一般控制在 $30\sim40r/min$ 比较适宜。

（五）分析与讨论

1. 在整个实验过程中有 3 次要调节溶液的 pH，各步骤具有何实际意义？
2. 分离过程中，各个步骤的沉淀和上清液分别是什么成分？

第四节　脂类基础实验

一、油脂制取实验

（一）实验目的

熟悉浸出法、压榨法、水代法制油原理，了解实验室制油工艺的具体操作。

（二）实验原理

浸出法：油料种子中的油脂、蛋白质等以稳定的凝胶状态存在于细胞内，一般经过轧胚也不会使细胞破裂，但特定溶剂能够渗透到油料细胞内部，从而将油脂溶解其中。浸出法制油就是应用萃取的原理，利用油脂与所选溶剂互溶的性质：溶剂浸泡处理过的油料，油脂通过渗透和扩散作用溶解到溶剂中，随溶剂被萃取出来，然后再通过蒸馏等工艺过程将溶剂油从毛油中分离出来。工业常用提取剂为工业己烷。浸出法制油适合含油量较低的油料或经过预榨后的油料。

压榨法：压榨法是利用外力挤压油料，使其细胞破碎，把油脂从油料中分离出来，得到毛油和粕，主要分为热榨和冷榨工艺。油料一般要先经过清理、破碎、软化、轧胚、蒸炒等处理再进行压榨。压榨法制油适合含油量较高的油料如花生、菜籽等。

水代法：水代法制油是利用油料中非油成分对油和水的亲和力不同以及油和水的密度不同来进行油水分离的。水代法制油是芝麻油的传统制取方式。

（三）仪器与材料

仪器：分析天平、抽提器、水浴锅、烧瓶、冷凝管、单螺杆榨油机、烧杯、磨籽机、电磁炉。

试剂与材料：预榨花生、芝麻、无水乙醚、滤纸、脱脂棉。

（四）实验步骤

1. 浸出法

本实验采用索氏抽提法，用无水乙醚代替工业中常用萃取剂工业己烷。经过前处理的样品用无水乙醚逆流浸出，样品中的油脂进入溶剂中，而溶剂不断蒸发、冷凝，反复回流萃取。具体操作：

称取预榨花生 2～5g，记录质量。

将滤纸以试管壁为基础折成底端封口的滤纸筒，将物料转移至滤纸筒内，并加盖脱脂棉。

将滤纸筒放入抽提器内，连接索氏抽提装置（烧瓶），并倒入一定量无水乙醚。连接冷凝管，打开冷凝水。

打开水浴锅，进行抽提，控制温度为 40～50℃，控制虹吸回流 6～8 次/h，抽提 6h 后取下烧瓶，观察烧瓶内色泽，混合液呈淡黄色，与无水乙醚色泽不同，则说明有油脂被抽提出来。

2. 压榨法

用天平称取 200g 左右花生，记录质量。

打开榨油机电源，预热 8min 左右。从喂料口缓慢倒入花生，随后从出料口挤出花生油，并有预榨花生榨出。

压榨结束，关闭电源。对花生油进行称重，计算出油率。

3. 水代法

要经过炒籽、磨籽、兑浆搅油、分油等步骤。炒籽过程中破坏细胞壁并产生香味；磨籽过程中能够产生料浆，其中油为连续相，固体颗粒为分散相；兑浆搅油是加入开水，使固体颗粒充分吸水；最后振荡，分出油。具体步骤：

将一定量芝麻放入烘箱烘烤，至芝麻变为黄褐色，随后称量。

将芝麻缓慢倒入磨籽机喂料口，用烧杯接取，得到芝麻料浆。

向得到的料浆中分批多次倒入开水，并不断搅拌，使固体颗粒与油相分离。

最后进行振荡分油。

（五）分析与讨论

了解油脂制取过程中的各种因素对油脂品质的影响。

二、油脂吸附脱色实验

（一）实验目的

理解与掌握油脂吸附脱色的原理、基本操作过程及方法；掌握成品油色泽的测定方法——罗维朋比色法。

（二）实验原理

油脂中的主要显色物质是色素。在适宜的操作温度、压力、搅拌等条件下，某些物质如活性白土、活性炭、膨润土、凹凸棒土等，对油中色素和其他杂质具有较强的选择性吸附作用，向油中加入一定量的上述物质，借助于过滤等方法将吸附剂与油分离，可以达到脱色、除杂的目的。

（三）仪器与材料

仪器：数显加热磁力搅拌器、台式天平、罗维朋比色计、烧杯、离心机等。

材料：经过脱胶和碱炼的净油、活性白土。

（四）实验步骤

1. 用罗维朋比色计测定油样色泽。

2. 称重后加热。油样转入烧杯并称重，然后将转子沿瓶壁小心放入瓶中，将烧杯置于磁力搅拌器上，使油在搅拌情况下加热，升温到100℃。

3. 脱水。若有雾则说明含水，需加热脱水至油透明，为确保脱水，本实验采用100℃加热5min。

4. 脱色。脱水结束后，将事先按油重1%～2%称量好的活性白土放入烧杯中，使油、活性白土均匀混合，搅拌20min后，切断电源，停止搅拌和加热。

5. 离心分离。待冷却后，将油、白土的混合物倒入已准备好的离心杯进行离心分离（注意对面两个离心杯配平），6000r/min 离心 15min。

6. 色泽测定。将过滤后的油进行色泽测定。

（五）分析与讨论

分析影响脱色效果的因素。

三、油脂酸价的测定

（一）实验目的

掌握食品中酸价的测定原理及方法；熟练掌握滴定法操作技巧。

（二）实验原理

油脂暴露于空气中一段时间后，在脂肪水解酶或微生物繁殖所产生的酶作用下，部分甘油酯会分解产生游离的脂肪酸，使油脂变质酸败。通过测定油脂中游离脂肪酸含量可反映油脂新鲜程度。游离脂肪酸的含量可以用中和 1g 油脂所需的氢氧化钾质量（mg），即酸价（mg/g）来表示。通过测定酸价的高低来检验油脂的品质，酸价越小说明油脂品质越好，新鲜度越好。典型的测量程序是，将待测样品溶于有机溶剂，用浓度已知的氢氧化钾溶液滴定，并以酚酞溶液作为颜色指示剂。油脂中的游离脂肪酸与 KOH 发生中和反应，从 KOH 标准溶液消耗量可计算出游离脂肪酸的量，反应式如下：

$$RCOOH + KOH \longrightarrow RCOOK + H_2O$$

（三）仪器与材料

仪器：10mL 微量滴定管（最小刻度为 0.05mL）、天平、恒温水浴锅、恒温干燥箱、离心机（最高转速不低于 8000r/min）、旋转蒸发仪。

试剂：植物油、0.1mol/L 氢氧化钾标准溶液。

中性乙醚-乙醇（2∶1）混合溶剂：乙醚和无水乙醇按体积比 2∶1 混合，加入酚酞指示剂数滴，用 0.3% 氢氧化钾溶液中和至微红色。

酚酞乙醇溶液：称取 1g 酚酞溶于 100 mL 95％乙醇中。

（四）实验步骤

称取均匀植物油 3～5g 于锥形瓶中，加入中性乙醚-乙醇混合溶液 50 mL，摇动使试样溶解，再加 2～3 滴酚酞指示剂，用 0.1 mol/L 氢氧化钾标准溶液滴定至出现微红色且在 30s 不消失，记下消耗的氢氧化钾标准溶液体积（V，mL）。

油脂酸价 X 按下式计算：

$$X = \frac{V \times c \times 56.11}{m}$$

式中　V——滴定消耗的氢氧化钾溶液体积，mL；

　　　c——氢氧化钾溶液的浓度，mol/L；

　56.11——氢氧化钾的摩尔质量，g/mol；

　　　m——试样质量，g。

1g 油脂消耗 KOH 的质量两次实验结果允许差不超过 0.2mg，求其平均数，即为测定结果，测定结果取小数点后第一位。

（五）分析与讨论

1. 分析油脂酸败的原因。
2. 测定油脂酸价时，装油的锥形瓶或油样中不得混有无机酸，为什么？

四、油脂过氧化值的测定

（一）实验目的

学习并掌握油脂过氧化值测定的原理及方法；掌握油脂过氧化值对油脂品质的影响。

（二）实验原理

过氧化值（POV）是指 1kg 油脂中所含过氧化物的物质的量（mmol）。

油脂在空气中易氧化产生过氧化物，这些过氧化物在酸性条件下可与碘化钾反应生成碘，可用硫代硫酸钠标准溶液滴定析出的碘，计算油脂过氧化值。

（三）仪器与材料

仪器：碘量瓶、滴定管、天平等。

试剂：

（1）三氯甲烷-冰乙酸混合液（体积比40：60）：量取40mL三氯甲烷，加60mL冰乙酸，混匀。

（2）碘化钾饱和溶液：称取20g碘化钾，加入10mL新煮沸冷却的水，摇匀后贮于棕色瓶中，存放于避光处备用。

（3）1%淀粉指示剂：称取0.5g可溶性淀粉，加少量水调成糊状，边搅拌边倒入50mL沸水，再煮沸搅匀后，放冷备用。临用前配制。

（4）0.01mol/L硫代硫酸钠标准溶液。

（四）实验步骤

1. 称取试样2～3g（精确至0.001g），置于250mL碘量瓶中，加入30mL三氯甲烷-冰乙酸混合液，轻轻振摇使试样完全溶解。

2. 准确加入1.00mL碘化钾饱和溶液，塞紧瓶盖，并轻轻振摇0.5min，在暗处放置3min。

3. 取出碘量瓶，加100mL水，摇匀后立即用硫代硫酸钠标准溶液滴定析出的碘，滴定至淡黄色时，加1mL淀粉指示剂，继续滴定并强烈振摇至溶液蓝色消失为终点，消耗的硫代硫酸钠标准溶液体积记为V。同时进行空白试验。空白试验所消耗硫代硫酸钠溶液体积V_0不得超过0.1mL。

4. 结果计算

（1）用过氧化物相当于碘的质量分数表示过氧化值时，按下式计算：

$$X_1 = \frac{(V-V_0) \times c \times 0.1269}{m} \times 100$$

式中　X_1——过氧化值，g/100g；

$\quad\quad\quad$ V——试样消耗的硫代硫酸钠标准溶液体积，mL；

$\quad\quad\quad$ V_0——空白试验消耗的硫代硫酸钠标准溶液体积，mL；

$\quad\quad\quad$ c——硫代硫酸钠标准溶液的浓度，mol/L；

$\quad\quad$ 0.1269——与1.00mL硫代硫酸钠标准滴定溶液 $[c(Na_2S_2O_3)=1.000mol/L]$ 相当的碘的质量，g；

$\quad\quad\quad$ m——试样质量，g；

$\quad\quad$ 100——换算系数。

计算结果以重复性条件下获得的两次独立测定结果的算术平均值表示，结果保留两位有效数字。

（2）用1kg样品中活性氧的物质的量（mmol）表示过氧化值时，按下式计算：

$$X_2 = \frac{(V-V_0)\times c}{m}\times 1000$$

式中　X_2——过氧化值，mmol/kg；

$\quad\quad\quad$ V——试样消耗的硫代硫酸钠标准溶液体积，mL；

$\quad\quad\quad$ V_0——空白试验消耗的硫代硫酸钠标准溶液体积，mL；

$\quad\quad\quad$ c——硫代硫酸钠标准溶液的浓度，mol/L；

$\quad\quad\quad$ m——试样质量，g；

$\quad\quad$ 1000——换算系数。

计算结果以重复性条件下获得的两次独立测定结果的算术平均值表示，结果保留两位有效数字。

（五）分析与讨论

分析油脂过氧化值对油脂品质的影响。

五、食品中油脂的氧化及其影响因素

（一）实验目的

掌握油脂氧化的测定方法；了解和掌握油脂氧化的影响因素。

（二）实验原理

油脂受到光、热、空气中氧的作用，发生氧化反应，分解出醛酸类的化合物。丙二醛（malondialdehyde，MDA）是油脂氧化产物的一种，它能与硫代巴比妥酸（TBA）作用生成粉红色化合物（TBARS），该物质在 $530\sim540nm$ 波长处有较高吸收峰，通过测定其吸光度值，与标准系列比较定量，即能测出丙二醛含量，从而推导出油脂氧化程度。

本实验通过对油脂进行不同条件处理，测定其丙二醛含量，从而了解影响油脂氧化的主要因素，并探讨抗氧化剂在油脂抗氧化中的效能。

（三）仪器与材料

用具：烧杯、恒温水浴锅、天平、酶标仪、封闭电炉、酶标板、移液枪、铝箔纸、橡皮筋、试管（10mL、50mL）、市售猪油。

试剂：

（1）叔丁基对苯二酚（TBHQ）。

（2）硫代巴比妥酸（TBA）水溶液：准确称取硫代巴比妥酸 0.288g 溶于水中，并稀释至 100mL，相当于 0.02mol/L。

（3）三氯乙酸混合液：准确称取三氯乙酸 7.5g 及 0.1g 乙二胺四乙酸二钠用水溶解，稀释至 100mL。

（4）丙二醛标准储备液：准确称取 1，1，3，3-四乙氧基丙烷 0.315g，溶解后稀释至 1000mL（相当于每毫升含丙二醛 $100\mu g$），置冰箱保存。

（5）丙二醛标准使用液：精确移取上述储备液 10mL 稀释至 100mL（相当于每毫升含丙二醛 $10\mu g$），置冰箱备用。

（四）实验步骤

1. 油脂的氧化

（1）取猪油 35g 分为两份，分别为 15g 及 20g，向其中 15g 的猪油中加入 0.003g TBHQ，两份油脂作同样程度的搅拌至加入的 TBHQ 完全溶解。

（2）取 50mL 试管 7 个，按表 3-3 各加入 5g 上一步骤中的油脂，并进行不同条件处理。

表 3-3　油脂氧化试验

编号	信息	处理
A	未添加 TBHQ 的油脂	油炸 30min
B	添加 TBHQ 的油脂	
C	未添加 TBHQ 的油脂	室温光照存放 2 周
D	添加 TBHQ 的油脂	
E	未添加 TBHQ 的油脂	60℃ 避光存放 2 周
F	添加 TBHQ 的油脂	
G	未添加 TBHQ 的油脂	不做任何处理

2. 样品感官评价

对 7 支试管内样品的颜色、气味进行感官评价及分析。

3. 丙二醛含量测定

（1）试样处理：准确称取猪油 1g（或取 1mL，并准确称量其质量），置于 10mL 试管内，加入 2.5mL 三氯乙酸混合液和 2.5mLTBA 溶液，混匀。

（2）测定：将试管置于 90℃ 水浴内保温 20min，取出，冷却，取 200μL 加入酶标板于 538nm 波长处测定（同时做空白试验）。

（3）标准曲线制备：用含量分别为 0μg、0.2μg、0.4μg、0.6μg、0.8μg、1μg 的丙二醛标准溶液（10μg/mL），加三氯乙酸混合液至 2.5mL，加入 2.5mL TBA 溶液，混匀，与样品一样，作上述步骤处理，根据浓度与吸光度关系作标准曲线。

（4）计算猪油中丙二醛的含量。

4. 注意事项

（1）吸取待测吸光值的溶液时注意尽量不要吸到油脂。

（2）TBA 溶液、三氯乙酸混合液和丙二醛标准使用液倒回统一试剂瓶。

（五）分析与讨论

1. 分析食品中油脂氧化的影响因素。
2. 分析油脂氧化对食品品质的影响并列举 2～3 个控制方法。

油脂氧化实验视频

第五节　酶基础实验

一、蛋白酶活力的测定

（一）实验目的

掌握利用比色法测定蛋白酶活力的原理及方法；掌握酶活力的计算。

（二）实验原理

蛋白酶在一定温度和 pH 条件下，水解酪蛋白产生含有酚基的氨基酸（如：酪氨酸、色氨酸），在碱性条件下，可将福林酚（Foline-phenol）试剂还原，生成钼蓝和钨蓝，其颜色的深浅与酚基氨基酸含量成正比。通过在 680nm 测定其吸光度，得到酶解产生的酚基氨基酸的量，进而计算蛋白酶活力。

酶活力是酶催化某一化学反应的能力，用酶催化反应的速率来表示。酶活力高低用酶活力单位（U）来表示。本实验中蛋白酶活力以蛋白酶催化酪蛋白水解的速率来表示。

酶活力单位：在一定的条件下，1min 内转化 1μmol 底物或催化 1μmol 产物生成所需要的酶量为 1 个酶活力单位（U，μmol/min）。

本实验中蛋白酶活力单位定义为：在一定的条件下，1min 内水解酪蛋白产生相当于 1μmol 酚基氨基酸（由酪氨酸等同物表示）的酶量，为 1 个酶活力单位，以 U 表示。

（三）仪器与材料

仪器：酶标仪、水浴锅、天平、试管、漏斗、滤纸、试管架、容量瓶、移液管、烧杯、玻璃棒等。

试剂：福林酚试剂、磷酸盐缓冲液、酪蛋白溶液、三氯乙酸溶液、酪氨酸标准溶液等。

（四）实验步骤

1. 溶液配制

（1）福林酚试剂

使用时，将福林酚试剂加 2 倍蒸馏水稀释，制成稀福林酚试剂。

（2）中性稀释液——pH7.2 磷酸盐缓冲液

称取磷酸二氢钠（$NaH_2PO_4 \cdot 2H_2O$）31.2g，定容至 1000mL，即成 0.2mol/L 溶液（A 液）。称取磷酸氢二钠（$Na_2HPO_4 \cdot 12H_2O$）71.63g，定容至 1000mL，即成 0.2mol/L 溶液（B 液）。取 A 液 28mL 和 B 液 72mL，再用蒸馏水稀释 1 倍，即成 0.1mol/L pH7.2 的磷酸盐缓冲液。

（3）酪蛋白溶液

2g 恒重的酪蛋白，用 0.5mol/L NaOH 溶液润湿后加入 80mL pH7.2 磷酸盐缓冲液，沸水浴溶解，冷却后，用 1mol/L 盐酸调至 pH7.0，再用磷酸盐缓冲液定容至 100mL，得浓度为 2% 的酪蛋白溶液。现配现用。

（4）三氯乙酸溶液

称取三氯乙酸（CCl_3COOH）65.4g，定容至 1000mL，得 0.4mol/L 三氯乙酸（TCA）溶液。

（5）碳酸钠溶液

称取无水碳酸钠 42.4g，用水溶解并定容至 1000mL，得 0.4mol/L 碳酸钠溶液。

（6）酪氨酸标准溶液

精确称取在 105℃ 烘箱中烘至恒重的酪氨酸 0.1810g（0.1mol），逐步加入 6mL 1mol/L 盐酸使溶解，用 0.2mol/L 盐酸定容至 100mL，其浓度为 10μmol/mL，再用蒸馏水稀释 5 倍，得到 2μmol/mL 的酪氨酸标准溶液。取 2μmol/mL 的标准酪氨酸溶液，配成不同浓度的溶液（0μmol/mL、0.2μmol/mL、0.4μmol/mL、0.6μmol/mL、0.8μmol/mL、1μmol/mL）。

（7）样品溶液

称取木瓜蛋白酶0.1000g，置于研钵中，加入相应的缓冲液定容至50mL，得到稀释500倍的酶液（当天配制、稀释）。根据不同品种酶活力高低，再将此液进行稀释，具体的稀释倍数根据吸光度进行调整。

2. 酪氨酸标准曲线制作

取已配成不同浓度的标准酪氨酸溶液（0μmol/mL、0.2μmol/mL、0.4μmol/mL、0.6μmol/mL、0.8μmol/mL、1μmol/mL）各0.5mL，加入0.4mol/L碳酸钠溶液5mL，福林酚试剂0.5mL，于40℃水浴中显色20min，680nm波长处进行比色，以0μmol/mL管为空白，测其吸光值。以吸光值为横坐标，酪氨酸浓度为纵坐标，制作标准曲线。

3. 酶活力测定

将酪蛋白溶液放入40℃恒温水浴中预热。

分别取稀释后的样品酶液1mL加入A、B号试管中（A号管先加入0.4mol/L三氯乙酸2mL），于40℃水浴中预热2min，再加入同样预热的2%酪蛋白溶液1mL，在40℃水浴中准确保温10min。

取出两支试管，在B号管中立即加入0.4mol/L三氯乙酸2mL，以终止反应。继续置于水浴中保温10min，离心去除沉淀。

取上清液0.5mL，加0.4mol/L碳酸钠5mL，福林酚试剂0.5mL（注意添加试剂的顺序），于40℃水浴中显色反应10min，于680nm波长处进行比色，测其吸光值，以A号管为空白。蛋白酶活力计算公式如下：

$$X = \frac{c \times 4 \times N}{m \times 10}$$

式中　X——蛋白酶活力，U/g；

　　　c——酶解产生的酪氨酸浓度，即取出的反应上清液中酪氨酸浓度，根据上述反应的吸光值代入酪氨酸标准曲线计算得出，μmol/mL；

　　　4——酶反应体系总体积，mL；

　　　N——酶液稀释的倍数；

　　　10——反应时间，min；

　　　m——试样质量，g。

（五）分析与讨论

1. 计算酪蛋白酶活力。
2. 分析影响酪蛋白酶活力的因素。

酶活测定实验视频

二、烫漂对马铃薯多酚氧化酶活性的影响

（一）实验目的

明确烫漂在果蔬加工中的意义，了解多酚氧化酶活性与植物组织褐变以及生理活动之间的关系；掌握分光光度法测定多酚氧化酶活性的一般原理及操作。

（二）实验原理

马铃薯经加工去皮、切分后非常容易发生酶促褐变，使外观品质和营养价值受损，严重制约着马铃薯的开发利用。因此，酶促褐变是马铃薯加工产业亟待解决的难题。多酚氧化酶（polyphenol oxidase，PPO）是导致马铃薯等果蔬发生酶促褐变的主要酶类，其活性大小可直接影响果蔬酶促褐变程度。多酚氧化酶是一种含铜的金属氧化酶，在一定的温度和 pH 条件下，能利用氧气催化多酚类物质（如酪氨酸、邻苯二酚等）氧化生成有色物质。反应方程式如下：

$$\text{邻苯二酚（儿茶酚）} + \frac{1}{2}O_2 \xrightarrow{\text{多酚氧化酶}} \text{邻醌} + H_2O$$

本实验以邻苯二酚为底物，在 0.1mol/L 磷酸缓冲液（pH＝7.0）中利用多酚氧化酶催化邻苯二酚与氧气反应，氧化生成褐色的醌类物质邻醌，该类物质在 410nm 波长光照下有特征吸收峰，因此，可通过分光光度计测定反应体系 410nm 处吸光度变化，计算反应前后的吸光度值变化，确定多酚氧化酶的酶活。

（三）仪器及试剂

仪器：分光光度计、恒温水浴锅、分析天平、研钵、漏斗、试管、容量瓶等。

试剂：0.1mol/L 磷酸缓冲液、0.01mol/L 邻苯二酚等。

（四）实验步骤

1. 溶液配制

（1）0.1mol/L 磷酸缓冲液（pH＝7.0）

配制 0.2mol/L 的 NaH_2PO_4 溶液（A 液）：称取 $NaH_2PO_4 \cdot 2H_2O$ 31.2g（或 $NaH_2PO_4 \cdot H_2O$ 27.6g），加重蒸水定容至 1000mL 溶解。配制 0.2mol/L 的 Na_2HPO_4 溶液（B 液）：称取 $Na_2HPO_4 \cdot 12H_2O$ 71.632g（或 $Na_2HPO_4 \cdot 7H_2O$ 53.6g 或 $Na_2HPO_4 \cdot 2H_2O$ 35.6g），加重蒸水定容至 1000mL 溶解。配制 0.1mol/L 磷酸缓冲液：分别量取 A 液和 B 液 39mL 和 61mL（总体积 100mL）混匀，即为 0.2mol/L 磷酸缓冲液，取上述 100mL 配制好的 0.2mol/L 磷酸缓冲液加水稀释，定容至 200mL。

（2）0.01mol/L 邻苯二酚

取 1.1g 邻苯二酚（分子质量 110g/mol），加水定容至 1 L。每次实验现用现配，棕色瓶暂存。

2. 马铃薯烫漂和多酚氧化酶提取

（1）马铃薯烫漂

取 1.0g 马铃薯块茎样品切成细丁，于沸水中烫漂 100s 设为烫漂组，另取 1.0g 马铃薯细丁不做处理设为未烫漂对照组。观察烫漂组和对照组颜色外观的区别。

（2）多酚氧化酶的提取

取烫漂组样品到研钵中，加入 3mL 预冷的磷酸缓冲液（pH7.0），研磨匀浆后转移到离心管中；再加入 7mL 磷酸缓冲液冲洗研钵，合并提取样品溶液，快速过滤，滤液定容至 10mL，即为烫漂组多酚氧化酶提取液。未烫漂对照组样品提取方法和烫漂组一致。

3. 马铃薯多酚氧化酶活性测定

（1）比色法测定多酚氧化酶活性

反应体系见表3-4。将 0.5mL 邻苯二酚底物溶液加入装有 2mL 磷酸缓冲液（pH 7.0）的试管中，30℃恒温水浴锅中预热；分别向不同试管中加入 0.5mL 烫漂组和未烫漂组酶提取液后摇匀进行氧化反应，在加入酶提取液摇匀后立即取样 0.5mL 反应液并加热灭活，于波长 410nm 下测定吸光值，作为反应体系的起始 A_{410} 值；反应 5min 后再次取样加热灭活，并测定 410nm 的吸光值。以不加酶提取液（0.5mL 磷酸缓冲液替代）进行氧化反应作为空白对照组。以每克马铃薯样品每分钟内 A_{410} 增加 0.01 定义为 1 个酶活性单位 U [0.01A/(g·min)]。

表 3-4　多酚氧化酶活性测定反应体系

处理组	磷酸缓冲液 /mL	邻苯二酚 /mL	粗酶提取液 /mL	反应起始 A_{410}	反应终止 A_{410}	ΔA_{410}
空白组	2.5	0.5	0			
烫漂组	2.0	0.5	0.5			
未烫漂组	2.0	0.5	0.5			

（2）多酚氧化酶酶活的计算公式：

$$多酚氧化酶活性 = \frac{\Delta A_{410} \times V_T}{0.01 \times t \times m \times V_S}$$

式中　ΔA_{410}——反应结束的吸光度变化；

V_T——酶提取液总量，mL；

t——反应时间，min；

m——马铃薯样品鲜重，g；

V_S——测定时酶液用量，mL。

（五）分析与讨论

1. 计算多酚氧化酶活性。
2. 分析马铃薯多酚氧化酶引起褐变的因素。

第六节　色素基础实验

一、食品中天然色素的稳定性及其影响因素

（一）实验目的

掌握花青素的分离提取技术；理解并掌握食品中花青素的稳定性及其影响因素。

（二）实验原理

花青素属酚类色素，多与糖结合，以苷的形式（称为花色苷）存在。这类色素具有随介质 pH 的改变而改变其颜色的特性。如花青素在不同 pH 下呈现不同色彩，在花青素母核的吡喃环上氧原子为四价，具有碱性；而酚羟基上的氢可以解离，具有酸性，使花青素在不同 pH 下具有不同的结构。

本实验从苋菜叶中提取天然色素花青素（多酚类色素），调节提取液 pH 后测定色差，观察 pH 对花青素呈色的影响。

（三）仪器与材料

材料：苋菜叶片。

用具：色差计、百分之一天平、pH 试纸、电炉、100mL 烧杯、500mL 烧杯、量筒、漏斗、玻璃棒、滤纸、平皿等。

试剂：1mol/L 盐酸溶液、1mol/L 氢氧化钠溶液。

（四）实验步骤

1. 样品预处理

取紫红色部分较多的新鲜苋菜叶 10g，加入 200mL 蒸馏水中，放

于电炉上加热，煮至水溶液呈紫红色停止（注意不断搅拌，煮时间过长会破坏花青素），关闭电炉取出苋菜叶片，将紫红色溶液冷却过滤。

2. 花青素的提取及测定

分别取上述滤液 30mL 于编号为 A、B、C 的三个烧杯中。

用 1mol/L 的盐酸及氢氧化钠溶液分别调节 pH 为 2、6、11。

取 15mL 不同处理的色素提取液加入平皿中，用色差计测定各样品的色差参数 L^*（lightness）、a^*（redness）和 b^*（yellowness）。

（五）分析与讨论

分析食品中天然色素花青素的稳定性及其影响因素。

天然色素稳定性实验视频

二、叶绿素和叶绿素铜钠盐的稳定性比较

（一）实验目的

分析比较天然色素叶绿素和合成色素叶绿素铜钠盐；理解采用铜置换氢离子以达到护色效果的机理。

（二）实验原理

叶绿素在酸性条件下分子中的镁原子可被氢原子所取代，生成暗橄榄褐色的脱镁叶绿素；如果将镁离子用铜离子进行取代，可以较好地维持叶绿素的绿色，并且能耐受酸、热和光的破坏。叶绿素在加工或贮藏过程中会有不同程度的褪色，提前采用护色技术可有效维持较好的绿色。

本实验选取了叶绿素（天然色素）和叶绿素铜钠盐（合成色素），通过实验比较采用护色处理后叶绿素对酸、光和热的稳定性。

（三）仪器与材料

仪器：分光光度计、百分之一天平、pH 计、回流冷凝管、100mL烧杯、25mL 具塞试管、量筒等。

试剂及材料：95％乙醇、叶绿素、叶绿素铜钠盐、0.1mol/L 盐酸等。

（四）实验步骤

1. 叶绿素及叶绿素铜钠盐溶液配制

用 95％乙醇配制 0.36g/L 叶绿素溶液，用蒸馏水配制 0.5g/L 叶绿素铜钠盐溶液。

2. 对光的稳定性

叶绿素溶液以 95％乙醇作为空白，在最大吸收波长 λ_{max}（660nm 和 670nm 之间）测定其吸光度 A_1。叶绿素铜钠盐以蒸馏水作为空白，在最大吸收波长 λ_{max}（640nm 和 650nm 之间）测定其吸光度 A_1，吸光度以 0.4～0.8 为宜。

取适量的两种溶液分别放入到 25mL 具塞试管，用磨口塞塞好，放置在室内光亮处，1 周后再测定吸光度 A_2，记录室温，并通过 A_1 和 A_2 计算残留率（％），比较对光的稳定性。

3. 对热的稳定性

取上述新配制的两种溶液，各准确量取 10mL 分别加入两个圆底烧瓶中，装上回流冷凝管，于 60℃加热 30min，冷却后于 10mL 容量瓶中定容，分别测定其吸光度 A_2，计算加热后的残留率，比较对热的稳定性。

4. 对酸的稳定性

取上述新配制的两种溶液，各准确量取 10mL 加入烧杯中，分别用 0.1mol/L 的盐酸调 pH 至 4.5，并测定其吸光度 A_2，计算加热后的残留率，比较对酸的稳定性。

（五）分析与讨论

分析叶绿素铜替换护色技术的稳定性及其原理。

第七节　食品添加剂基础实验

一、膨松剂对曲奇饼干质构及口感的影响

（一）实验目的

正确认识食品添加剂，了解膨松剂在食品加工中的作用。

（二）实验原理

膨松剂又称膨胀剂或疏松剂，是在糕点、饼干、面包等以小麦粉为主的焙烤食品制作过程中，使其体积膨胀与结构疏松的食品添加剂。当面坯在烘焙加工时，由膨松剂产生的气体受热膨胀，使面坯起发膨松，从而使制品的内部形成多孔状组织结构。膨松剂主要用于焙烤食品的生产，它不仅可以提高食品的感官质量，而且也有利于食品的水化吸收。

膨松剂可分为无机膨松剂和有机膨松剂两类。无机膨松剂，又称化学膨松剂，包括碱性膨松剂和复合膨松剂两类。常用的无机膨松剂有碳酸氢钠、碳酸氢铵、轻质碳酸钙、硫酸铝钾、硫酸铝铵等。其作用机理是：当把膨松剂调合在面团中，在高温烘焙时受热分解，放出大量气体，使制品体积膨松，形成疏松多孔的组织。无机膨松剂主要用于饼干、糕点生产。市售的自发面粉中也配有无机膨松剂。无机膨松剂应具有下列性质：①较低的使用量能产生较多量的气体；②在冷面团里气体产生慢，而在加热时则能均匀持续产生多量气体；③分解产物不影响产品的食用品质。

（三）仪器与材料

仪器：烤箱、质构仪等。

材料：一组实验所需原料为低筋面粉 350g，糖粉 100g，黄油 250g，蔓越莓干 120g，鸡蛋 1 个；实验组加入复合膨松剂 5.25g，空白对照组不添加复合膨松剂。

（四）实验步骤

1. 黄油软化后加入糖粉，搅拌均匀至颜色发白；加入蛋液，搅拌均匀。

2. 分两次加入面粉及膨松剂，搅拌均匀（空白对照组不添加膨松剂）；加入切碎的蔓越莓干，搅拌均匀。

3. 将面团整理成长方体，用油纸包住，4℃冷藏 1 h，取出切片。

4. 上火 170℃、下火 170℃烘烤 10min。

5. 对蔓越莓曲奇饼干进行质构测定及感官评价。

（五）分析与讨论

对饼干的质构数据及感官评价结果进行分析。

二、果胶在果冻制作中的应用

（一）实验目的

通过实验，加深对果胶特性的理解，掌握果胶在食品中的应用。

（二）实验原理

果胶作为乳化剂、稳定剂和增稠剂应用于食品工业中，主要起到胶凝、增稠、改善质构、乳化和稳定的作用。

可溶性果胶的基本结构是多聚半乳糖醛酸，其中部分羟基被甲醇酯化为甲氧基。甲氧基含量高于 7% 的果胶，称为高甲氧基果胶，即普通果胶。普通果胶中甲氧基含量越多，胶凝能力越大。甲氧基含量低于 7% 的果胶，称为低甲氧基果胶，几乎无胶凝能力，但有多价金属离子如 Ca^{2+}、Mg^{2+}、Al^{3+} 等存在时可生成凝胶，多价离子起到果胶分子交联剂的作用。

果胶为白色、淡黄或褐色粉末，溶于水成黏稠状液体。果胶与适量的糖和有机酸一起煮，可形成柔软而有弹性的胶冻。基于此特性，果胶在食品工业中可用于果酱、果冻、巧克力和糖果等食品的制作，也可用作冷饮食品、冰淇淋和雪糕等的稳定剂。

（三）仪器与材料

仪器：电炉、烧杯、玻璃棒等。

试剂与材料：果胶、橙汁、蔗糖、柠檬酸。

（四）实验步骤

果胶6%～12%，橙汁6%，蔗糖6%～12%，柠檬酸0.05%以内（果胶的胶凝作用在酸性介质中效果较好，可以利用柠檬酸加以调节）。按照自己设计的配比称取果胶，加水后加热使果胶溶解，保证其充分溶胀，添加其他配料，搅拌均匀，放置一定时间后即得果冻凝胶。

按照表3-5对不同配比的果冻进行感官评价。

表 3-5　果冻感官评价赋值

项目	标准	分值
外观	无杂质和明显凝块、质地均匀、细腻、无裂痕、光滑	20
状态	有弹性、韧性好、凝胶状态好	20
色泽	呈橙黄色、透明度高	20
风味	自然清爽、酸度适口，有独特清香	20
口感	光滑、细腻、柔软、爽口	20

（五）思考题

试分析果胶在制备果冻时的适宜浓度和适宜条件。

三、乳化剂 HLB 值的测定

（一）实验目的

了解表面活性剂的类型并掌握其鉴别方法；了解 HLB 值的意义并

掌握基本的 HLB 值的测定法。

（二）实验原理

每种表面活性剂都有一个亲水亲油平衡值（hydrophile-lipophilie balance value，HLB），这个数值表示活性剂亲水基的亲水能力与亲油基的亲油能力的关系。HLB 值越小，活性剂越亲油；HLB 值越大，活性剂越亲水。不同的 HLB 值的活性剂有不同的用途。例如 HLB 值为 3～6 的活性剂可作为油包水乳化剂，HLB 值为 7～8 的活性剂可作为水包油乳化剂，HLB 值 12～15 的活性剂可作为润湿剂，等等。所以测定活性剂的 HLB 值是有实际意义的。HLB 值可根据表面活性剂的化学组成进行计算，但是基本的还是用实验法确定。

本实验是用乳化的方法测定油乳化的 HLB 要求值和表面活性剂的 HLB 值。因为这种油都要一最适于它乳化成水包油或油包水乳状液的活性剂 HLB 值，该值叫作油乳化剂的 HLB 要求值，以 HLB 表示。用两种已知 HLB 值的活性剂按照不同比例配成混合表面活性剂，然后用这些活性剂将油乳化，找出乳化这种油的最好的混合活性剂比例，就可计算出油乳化的 HLB 要求值。

例如，已知油酸的 HLB＝1，油酸钠 HLB＝18，当油酸与油酸钠比例为 $x:y$ 时，这种油乳化最好，这种油的 HLB 要求值计算公式如下：

$$HLB = \frac{x}{x+y} \times 1 + \frac{x}{x+y} \times 18$$

同样可用乳化法求出一种活性剂的 HLB 值。即将未知 HLB 值的活性剂与已知 HLB 值的活性剂按照不同比例配成混合活性剂，然后用这些混合活性剂将这种油乳化，找出乳化这种油的最好的混合活性剂比例，就可以计算出未知活性剂的 HLB 值。

（三）仪器与材料

仪器：具塞试管（10mL）、试管架、量筒、均化器等。
试剂：松节油、棉籽油等。

（四）实验步骤

把 5％的未知 HLB 值的乳化剂分散在 15％的已知 HLB 的油相中。该油相是按适当比例混合松节油（HLB＝16）和棉籽油（HLB＝6）配制的。然后加 80％的水，用均化器混合均匀。经 12h 和 24h 后，比较一系列样品的稳定性。其中稳定性最好者大致等于油相的 HLB 值。可制备大量乳液以计算未知样品的平均 HLB 值。

（五）分析与讨论

简述表面活性剂的类型及其 HLB 值范围。

四、 乳化活性和乳化稳定性的测定

（一）实验目的

掌握乳化活性和乳化稳定性的意义和测定方法，了解影响乳化活性和乳化稳定性的因素。

（二）实验原理

乳化是一种液体以极微小液滴均匀地分散在互不相溶（或部分相溶）的另一种液体中的过程。就食品体系而言，食品蛋白质的乳化特性是指其能使油与水形成稳定的乳状液而起乳化剂的作用。乳化剂的乳化能力是乳化体系研究的重点。通常采用乳化活性指数（emulsifying activity index，EAI）来表征乳化能力。乳化活性指数定义为单位蛋白质能够乳化的油相的量。通常乳液液滴的大小对乳液的稳定性（如分层、絮凝、凝聚）、颜色、流变性和感官性质产生较大影响。乳液的不稳定性通常涉及上浮/沉降（floation/sedimentation）、聚结（coalescence）、絮凝（flocculation）、相转化（phase inversion）和奥斯特瓦尔德熟化（ostwald ripening）。乳液上浮和沉降都是重力分离的表现。乳液上浮是由于液滴的密度低于周围液体，而沉降则是由于液滴的密度高于周围的液体。絮凝和聚结都是乳液液滴聚集的类型。当两个或多个液滴聚在一起形成聚集体时，絮凝就会发生，在该聚集体中液滴保持其各自的完整性；而聚结是两个互相接触的液滴之间或一液滴与体相之间的边界消失，随之形状改变，导致总面积减少的现象。相转化是 O/W 乳液和 W/O 乳液相互转化的过程。奥斯特瓦尔德熟化是指溶质中较小型的结晶或溶胶颗粒溶解并再次沉积到较大型的结晶或溶胶颗粒上的现象。常用于表征乳液稳定性的指标有乳化稳定指数（emulsifying stability index，ESI），其测定方式与乳化活性指数测定过程相同，通过间隔一定时间后乳液的浊度变化来进行计算。

（三）仪器与材料

仪器：分光光度计、高速剪切均质机、电子天平、移液器。
试剂：大豆分离蛋白、大豆油、十二烷基硫酸钠（SDS）溶液等。

（四）实验步骤

1. 乳状液的制备

用 pH 为 7.0，离子强度为 0.1 的磷酸盐缓冲溶液配制质量浓度为 5mg/mL 大豆分离蛋白溶液，按比例加入大豆油，混合液总体积保持为 40mL。油相体积分数分别为 0.10、0.20、0.25、0.40、0.50、0.60、0.75，均质速度 10000r/min，均质时间 1min，制得乳状液。

2. EAI 和 ESI 测定

迅速从体系底部取样，用质量浓度为 1mg/mL 的十二烷基硫酸钠（SDS）溶液将其稀释 100 倍，然后在波长为 500nm 处测定其吸光值 A_{500}，该值就是 0 时的吸光值。静置 5min 后取样用 SDS 稀释重复操作，测定的吸光值就是 5min 时的吸光值，同时用 SDS 溶液作为空白试验。

3. EAI 和 ESI 计算

EAI（乳化活性指数）表示乳化性：

$$EAI = \frac{2 \times (2.303 \times A_{500}) \times N \times 10^{-4}}{\theta LC}$$

式中　EAI——1g 蛋白质的乳化区域，m^2/g；

　　　A_{500}——样品吸光值；

　　　N——稀释倍数；

　　　θ——油相占的比例，本实验中油相占 1/4；

C——蛋白质浓度，g/mL；

L——比色皿中光路长度（本实验取值为1），cm。

ESI（乳化稳定指数）表示乳化稳定性：

$$ESI = \frac{A_0 \times \Delta T}{\Delta A} = \frac{A_0 \times \Delta T}{A_0 - A_t} = \frac{\Delta T}{1 - \frac{A_t}{A_0}}$$

式中　A_0——0min 的吸光值；

　　A_t——t 时的吸光值；

　　ΔT——t min 与 0min 的差值，min；

　　ΔA——A_t 与 A_0 的差值。

（五）分析与讨论

1. 分析油相比例对乳化活性测定结果的影响。

2. 分析本方法测定乳化活性和乳化稳定性的优缺点。

第四章

食品化学探究性实验

第一节　探究性实验概述

深化实验教学机制改革、创新实验教学模式，是提高高等教育质量的重要途径，也是人才培养工作的内在需求。在实验教学的创新中，既要关注"创新要求""创新体验"，更要关注"问题导向""过程特点"，探究性实验较好地满足了这一要求。

探究性实验是以培养创新能力、提升研究素养、拓宽知识基础为目的，依托开放式的实验教学环境，设计以学生为中心的引导式、体验式教学，实现课内与课外相融合、开放与创新相整合、实验与实践相结合，学生自主完成"知识建构"全过程的实验教学新模式。

探究性实验有三个基本特征，即"广义实验"特征、课堂融通特征和学生主体特征。①"广义实验"特征。将科研训练计划、创新创业计划、学科竞赛计划等都纳入实验范畴，面向不同学科专业的实践活动也纳入实验范畴，重在构建教师与学生之间的新型关系。②课堂融通特征。包括理论课与实验课融通，课前、课中、课后的融通，一课堂和二课堂的融通，关注过程，允许失败，宽容失败，某种意义上来说可能还要鼓励"失败"，因为探究性实验必然不是"傻瓜"实验，其结果往往是不可预知的。③学生主体特征。"兴趣是最好的老师"，任何时候，实验教学不能忽视主体。

探究性实验的基本过程，主要包括实验选题、资料查阅、方案设计、实验实施、分析总结及实验报告撰写等方面。探究性实验教学的开展，可以实现实验教学的三项重要转变：从依附性到相对独立性的转变，从被动性到相对主动性的转变，从单一性到相对多样性的转变。以此对学生进行全过程、全方位培养，强调以学生为主体进行实验探究，激发学生的实验兴趣，培养创新思维和实践能力。

第二节　探究性实验实施步骤及过程

1. 实验选题

作为实验的开端，选题的重要性不言而喻。与传统的验证性实验不同，探究性实验基于"问题导向"，主要有以下三个特点。

一是新，主要体现在：核心问题创新，题材不拘一格，充满想象力；技术手段创新，与当下的前沿技术相结合，为学生开阔科研视野。

二是实，可将探究性实验与具体的科研实践项目（如科研训练、创新创业、学科竞赛等）以及当前热点问题相结合，注重选题的实用价值以及在实际情况下与其他学科知识的交叉渗透，注重对实践能力的培养。

三是宜，尽管选题要新，但要注重实验的可行性。探究性实验选题应"由浅入深、循序渐进、因人而异"，过高和过难的选题并不可取，一切应从实际出发，以培养科研态度、科研思维和科研方法为首要任务。

2. 资料查阅

此过程十分重要，应贯穿整个实验。探究性实验教学目的是使学生掌握"研究"的一般方法和程序，并在实验教学过程中培养创新意识、创新思维，提升创新能力和实践能力。因此，学生需掌握文献资料的查找方法，学会利用图书馆及网络资源进行文献检索及查阅，对相关的研究成果和技术成就进行系统的、全面的分析研究，进而归纳整理。

3. 方案设计

实验前必须制订周密而具体的实验方案。制订方案时要反复推敲，认真考虑方案的合理性、可行性及创新性。然后确定各实验项目及前后次序，并可采用一定的数学模型如正交试验等方法来制订方案，并在指导老师的帮助下，对实验方案进行不断完善和优化，最终付诸实践。

4. 实验实施

实验实施是整个探究性实验的中心环节，所有结果都是从中取得的。实验过程中必须要保持严谨的科学态度，同时充分发挥观察力、想象力和逻辑思维判断力，对实验中出现的各种现象、数据进行分析与评价。实验可按如下三步开展。

（1）实验准备。实验用试剂及仪器、设备的准备，关乎整个实验能否顺利开展，必须给以足够的重视。

（2）预备实验。在正式开展实验前，对一些实验应进行预备实验，主要是进行实验方法的筛选和熟练，为正式实验做好准备。

（3）正式实验。实验过程中第一要做到观察的客观性，即要如实反映客观现象；第二要做到观察的全面性，即从各个方面观察实验全过程中出现的各种现象，把各有关因素联系起来，分清主次，把握实质；第三要做到观察的系统性，即要连续、完整地观察实验全过程，不能随意中断；第四要做到观察的辩证性，应注意观察的典型性、偶然性及观察的条件，如时间、温度、反应状态等。

5. 分析总结

分析总结是对实验结果的分析与讨论，运用数据处理方法对实验结果进行整理与分析，得到相应的实验结论。

6. 实验报告撰写

探究性实验报告包括以下几个部分：实验背景、实验目的、实验设备与材料、实验方法、实验结果与分析、实验心得等。

第三节　探究性实验实例指南

一、反应条件对脂肪酶催化合成结构酯的影响

（一）实验目的

探究反应温度、底物摩尔比、加酶量及体系水含量对固定化脂肪酶催化合成结构油脂1，3-二油酸-2-棕榈酸甘油三酯（OPO）的影响。

（二）实验方法

1. 反应温度对固定化脂肪酶催化合成 OPO 的影响

在100mL圆底烧瓶中加入棕榈硬脂5.0g和油酸10.15g（摩尔比为1：6），盖上翻口塞，置于一定温度的恒温水浴摇床一定时间，待反应底物混合均匀且呈液态后，加入0.9g固定化脂肪酶，200r/min条件下反应3h。在第0.25h、0.5h、0.75h、1.0h、1.5h、2.0h、3.0h分别取样0.01g待测。反应温度分别为：50℃、55℃、60℃、65℃、70℃。每组设三个平行样。

2. 底物摩尔比对固定化脂肪酶催化合成 OPO 的影响

在100mL圆底烧瓶中加入一定量的棕榈硬脂和油酸，盖上翻口塞，置于65℃恒温水浴摇床一定时间，待反应底物混合均匀且呈液态后，加入质量分数占反应底物6%的固定化脂肪酶，65℃、200r/min条件下反应3h。在第0.25h、0.5h、0.75h、1.0h、1.5h、2.0h、3.0h分别取样0.01g待测。棕榈硬脂和油酸的摩尔比分别为1：2、1：4、1：6、1：8、1：10。每组设三个平行样。

3. 加酶量对固定化脂肪酶催化合成 OPO 的影响

在100mL圆底烧瓶中加入棕榈硬脂7.0g和油酸19.07g（摩尔比为1：8），盖上翻口塞，置于65℃恒温水浴摇床一定时间，待反应底物混

合均匀且呈液态后，加入一定量固定化脂肪酶，65℃、200r/min 条件下反应 3h。在第 0.25h、0.5h、0.75h、1.0h、1.5h、2.0h、3.0h 分别取样 0.01g 待测。加入的固定化脂肪酶的质量分别占反应底物的质量的 4％、6％、8％、10％、12％。每组设三个平行样。

4. 体系水含量对固定化脂肪酶催化合成 OPO 的影响

在 100mL 圆底烧瓶中加入棕榈硬脂 7.0g 和油酸 19.07g（摩尔比为 1∶8），再加入一定量的去离子水，盖上翻口塞，置于 65℃ 恒温水浴摇床一定时间，待反应底物混合均匀且呈液态后，加入 2.09g 固定化脂肪酶，65℃、200r/min 条件下反应 3h。在第 0.25h、0.5h、0.75h、1.0h、1.5h、2.0h、3.0h 分别取样 0.01g 待测。加入的去离子水的质量分别占反应底物的质量的 0、1％、2％、3％、4％。每组设三个平行样。

5. 反应产物中 OPO 的分离纯化

取一定量的反应产物混合物（约 10g）溶于 100mL 正己烷（分析纯）中（250mL 梨形分液漏斗中），加入 50mL 95％乙醇，再加入一定量 2mol/L NaOH 溶液（NaOH 的物质的量为所需中和酸的 100.5％），用力振摇 1min，再加入 50mL 去离子水振摇 0.5min，静置分层，取上层有机相于 50℃ 条件下旋蒸分离得到 OPO 产品。

6. OPO 的气相色谱法检测

将 0.01g 样品加入 1mL 正己烷（色谱纯）中充分溶解，并用气相色谱测定其中各物质含量。

气相色谱检测条件如下：

采用 Agilent GC7890A（氢火焰离子化检测器）进行气相色谱分析，配备 ALS 自动进样器。色谱柱，DB-1HT 毛细管色谱柱（15m× 250μm×0.25μm），Agilent 公司；载气（N_2），20mL/min；进样量，2μL；进样口，320℃，分流比 50∶1；检测器（FID），370℃，氢气流速 40mL/min，空气流速 400mL/min，尾吹 25mL/min；柱箱（程序升温），8℃/min 从 200℃升温至 350℃，维持 5.5min，共运行 17min。采用面积归一化法进行数据处理分析。

二、鲣鱼黄嘌呤氧化酶抑制肽酶法制备工艺优化

（一）实验目的

以鲣鱼为原料，酶法制备鲣鱼黄嘌呤氧化酶（xanthine oxidase，XOD）抑制肽，以水解度、氮回收率、XOD抑制活性、肌肽和鹅肌肽含量为指标，探究酶解工艺中蛋白酶种类、加酶量、酶解pH、温度和时间对鲣鱼XOD抑制肽制备的影响。

（二）实验方法

1. 鲣鱼XOD抑制肽的制备

料水比1g/3mL的鲣鱼背腹肉悬浊液→不同酶解条件→酶解结束，沸水水浴灭酶15min→冷却离心，5000r/min，30min→收集上清液（测定水解度及氮回收率）→冷冻干燥，−20℃贮藏备用→冻干粉测定XOD抑制活性及分子量分布。

2. 蛋白酶的筛选

分别用中性蛋白酶、碱性蛋白酶、木瓜蛋白酶、复合蛋白酶、胰蛋白酶在其各自推荐的最适pH和温度条件下对鲣鱼背腹肉进行酶解。设定加酶量1000U/g、料水比1g/3mL、酶解时间5h。以XOD抑制活性、氮回收率和水解度为评价指标，筛选出最佳蛋白酶。

3. 单因素试验

以水解度、氮回收率、XOD抑制活性及肌肽、鹅肌肽含量为指标，进一步考察加酶量、酶解温度、酶解pH和酶解时间等四个因素的影响。

4. 响应面试验

根据单因素试验结果设计响应面优化试验，确定酶解制备鲣鱼XOD抑制肽的最佳工艺。

5. 水解度测定

参考pH-Stat测定水解度的方法。

6. 氮回收率测定

采用凯氏定氮法（参照 GB 5009.5—2016）测定鲣鱼酶解后上清液中总氮含量，氮回收率计算公式如下：

$$氮回收率/\% = \frac{m_1 \times N_1}{m_2 \times N_2} \times 100$$

式中，m_1 为上清液体积，mL；N_1 为上清液中氮元素浓度，g/mL；m_2 为酶解时加入鱼糜的质量，g；N_2 为鱼糜中氮元素浓度，g/g。

7. XOD 抑制活性测定

于 96 孔板中每孔加入 $50\mu L$ 待测样品及 $50\mu L$ 浓度为 0.02U/mL 的 XOD 溶液，振荡 30s，25℃保温 5min，加入 $150\mu L$ 0.48mmol/L 的黄嘌呤溶液，振荡 30s 后，25℃保温 25min，测定 290nm 处的吸光值。XOD 抑制活性计算公式如下：

$$抑制率/\% = \left(1 - \frac{A_1 - A_2}{A_3 - A_4}\right) \times 100$$

式中，A_1 为样品溶液加酶的吸光度；A_2 为样品溶液不加酶吸光度；A_3 为缓冲液代替样品溶液的空白组的吸光度；A_4 为空白组不加酶的吸光度。

8. 肌肽和鹅肌肽含量测定

采用高效液相色谱法测定。色谱柱，Sepax HP-amino（$5\mu m$，$4.6mm \times 250mm$）；流动相，50mmol/L 磷酸缓冲溶液（pH = 6.8）：乙腈 = 4:6；进样体积 $20\mu L$；流速 1mL/min；柱温 25℃；检测波长 210nm；运行时间 25min。

9. 分子量测定

取鲣鱼酶解冻干粉用流动相稀释至 2mg/mL，采用凝胶色谱法测定肽的分子量分布。色谱柱，TSK gel 2000 SWXL 分析柱（$300nm \times 7.8mm$）；流动相：乙腈：水：三氟乙酸 = 450:550:1（体积分数）；柱温 30 ℃；流速 0.5mL/min；检测波长 220nm；运行时间 30min。

标准肽样品：细胞色素 c（12384Da）、抑肽酶（6511.44Da）、

维生素 B_{12}（1355.37Da）、氧化型谷胱甘肽（612.63Da）和还原型谷胱甘肽（307.32Da）。分子质量的对数值与保留时间拟合直线方程：

$$y = -0.1862x + 6.332 \ (R^2 = 0.9912)$$

式中，y 为标准肽样品分子质量的对数；x 为保留时间，min。

三、蔗糖酯对大豆分离蛋白乳化性的影响

（一）实验目的

探究蔗糖酯对大豆分离蛋白乳化性的影响，包括蔗糖酯对大豆分离蛋白的乳化活性和乳化稳定性的影响，及其对乳液粒径的影响。

（二）实验方法

1. 大豆分离蛋白预处理

称取 1g 大豆分离蛋白（soy protein isolate，SPI）至烧杯中，加入相应量的蔗糖酯或者蔗糖酯储备液（1 g/100mL），加入 100mL 水，蔗糖酯浓度分别为 0g/100mL，10^{-1}g/100mL，10^{-2}g/100mL，10^{-3} g/100mL，调 pH 至 7.0。进行热处理的体系，加热之前加入蔗糖酯，待样品冷却后再调 pH 至 7.0。热处理分为 80℃水浴处理 30min 和 90℃水浴处理 30min。

2. 乳化活性及乳化稳定性测定

取 15mL 1％的样品溶液，加入 5mL 大豆油，14000 r/min 转速下均质 5min 后马上从底部取样 50μL，以 0.1％ 十二烷基硫酸钠（SDS）溶液稀释 200 倍，测定 500nm 处的吸光值，以 SDS 溶液为空白，记为 A_0。乳液静置 30min 后再从底部取样 50μL，以 0.1％ SDS 稀释 200 倍，测定 500nm 处的吸光值，记为 A_{30}。EAI（emulsifying activity index）为乳化活性，ESI（emulsifying stability index）为乳液稳定性。

$$EAI = (2 \times 2.303 \times A_0 \times N)/(C \times \varphi \times 10000)$$

式中，EAI 为每克蛋白质的乳化面积，m^2/g；N 为稀释倍数；φ

为油相所占的分数，本实验中油相占 1/4；C 为蛋白质质量浓度，g/mL。

$$ESI = [A_0/(A_0 - A_{30})] \times \Delta T$$

式中，A_0 为 0 时刻的吸光值；A_{30} 为 t 时刻时的吸光值；ΔT 为 30min。

3. 粒径测定

样品为加入不同浓度蔗糖酯的 1% 大豆分离蛋白（SPI）溶液（SPI 溶液分为不处理、80℃处理 30min 和 90℃处理 30min），其中加入蔗糖酯浓度为 0g/100mL，10^{-1}g/100mL，10^{-2}g/100mL，10^{-3}g/100mL 的 12 个 SPI 溶液样品。

溶液折光系数（RI）为 1.33，溶质折光系数为 1.45，吸光率为 0.001，测试温度为 25℃，样品池为可抛弃型聚苯乙烯样品池（DTS0012）。

四、脂肪酶对面包品质及风味的影响

（一）实验目的

探究脂肪酶作为"绿色"面包改良剂对面包品质及风味的影响。

（二）实验方法

1. 面包的配方及制备

面包基础配方：高筋小麦粉 100%，活性干酵母 1%，蔗糖 6.7%，食盐 1%，黄油 5%，水 60%（均以小麦面粉质量计）。未添加脂肪酶的样品为对照组。分别加入 10mg/kg、20mg/kg、30mg/kg、40mg/kg 脂肪酶以研究面包中脂肪酶的最佳用量。

面包制作工艺：干料混匀→加入水和黄油搅拌→搓圆整形→静置（25℃，10min）→装入模具（170mm×80mm×80mm）→醒发 1h（38℃、相对湿度为 85%）→烘烤 30min（上火 180℃、下火 220℃）→得到成品面包。室温冷却 1.5h 后用于分析测定。

2. 面包比容测定

面包称重，体积采用菜籽置换法测定。面包比容计算公式如下：

$$面包比容/(cm^3/g) = \frac{面包体积/cm^3}{面包质量/g}$$

3. 面包组织结构分析

取面包中心厚度为 20mm 的切片，使用 NikonD7000 数码相机采集照片并用 Image J 软件进行图像分析。

4. 面包芯白度测定

取面包中心厚度为 20mm 的切片。选择 $L^* \& a^* \& b^*$ 色度标尺，测量 L^* 值，该值表示面包芯白度，在 0～100 范围内变化，0 表示黑色，100 表示白色。

5. 扫描电镜样品制备

搅拌得到的面团样品在 2.5％戊二醛溶液中固定 12h 以上，用 0.1mmol/L PBS 缓冲液（磷酸盐缓冲溶液）漂洗，然后用 1％锇酸溶液固定，再用 0.1mmol/L PBS 缓冲液漂洗，最后用梯度浓度（包括 30％、50％、70％、80％、90％和 95％六种浓度）的乙醇溶液对样品进行脱水处理，每种浓度处理 15min，无水乙醇处理 2 次，每次 20min。临界点干燥后喷金镀膜，置于扫描电镜下观察。

6. 面包质构测定

取面包中心厚度为 20mm 的切片测定。参数设定为：测前速度 2.0mm/s，测试速度 1.0mm/s，测后速度 1.0mm/s，压缩比为 50％，P5 型探头。

7. 面包芯风味物质分析

采用 HS-SPME-GC-MS（顶空固相微萃取气质联用）技术。准确称取面包芯 1.5g，切碎，60℃顶空固相微萃取 40min。色谱柱，J&WHP-5MS 毛细管柱（30m×250μm×0.25μm）；升温程序，40℃保持 1min，以 6℃/min 的速度升至 160℃，最后以 10℃/min 的速度升至 250℃，保持 10min；载气（He）流量，1mL/min；进样温度为 250℃；进样量 1μL；不分流。挥发性风味物质化合物的定性及相对定量分析：

GC-MS结果经计算机 NIST Library 相匹配，定性检索图谱峰，采用面积归一化法计算相对含量。

8. 感官评价

随机选取 28 名不同年龄阶段（20～40 岁）、不同民族、未经过专业感官评价训练的人员通过九点嗜好法对面包进行感官评价，评判内容包括面包外观、内部组织结构、酸度、气味、味道、口感和整体接受度。

附　　录

附录一　食品营养成分测定国家标准

GB 5009.3—2016 食品安全国家标准 食品中水分的测定。

GB 5009.4—2016 食品安全国家标准 食品中灰分的测定。

GB 5009.8—2016 食品安全国家标准 食品中果糖、葡萄糖、蔗糖、麦芽糖、乳糖的测定。

GB 5009.7—2016 食品安全国家标准 食品中还原糖的测定。

GB 5009.9—2016 食品安全国家标准 食品中淀粉的测定。

GB 5009.5—2016 食品安全国家标准 食品中蛋白质的测定。

GB 5009.124—2016 食品安全国家标准 食品中氨基酸的测定。

GB 5009.6—2016 食品安全国家标准 食品中脂肪的测定。

GB 5009.168—2016 食品安全国家标准 食品中脂肪酸的测定。

GB 5009.82—2016 食品安全国家标准 食品中维生素 A、D、E 的测定。

GB 5009.158—2016 食品安全国家标准 食品中维生素 K_1 的测定。

GB 5009.86—2016 食品安全国家标准 食品中抗坏血酸的测定。

附录二　常用缓冲溶液的配制方法

1. 甘氨酸-盐酸缓冲液（0.1mol/L, 25℃）

0.2mol/L 甘氨酸溶液（母液 A）：称取 15.01g 甘氨酸溶解，稀释至 1000mL。

0.2mol/L 盐酸溶液（母液 B）：取 16.67mL 盐酸（37.2%）稀释至 1000mL。

附表 1 为配制甘氨酸-盐酸缓冲液时所用的母液体积,将两种母液混合后,用蒸馏水稀释至 100mL。

附表 1 不同 pH 条件下甘氨酸与盐酸的取用体积

pH	0.2mol/L 甘氨酸/mL	0.2mol/L 盐酸/mL	pH	0.2mol/L 甘氨酸/mL	0.2mol/L 盐酸/mL
2.2	50	44.0	3.0	50	11.4
2.4	50	32.4	3.2	50	8.2
2.6	50	24.2	3.4	50	6.4
2.8	50	26.8	3.6	50	5.0

2. 甘氨酸-氢氧化钠缓冲液 (0.1mol/L,25℃)

0.2mol/L 甘氨酸溶液(母液 A):称取 15.01g 甘氨酸溶解,稀释至 1000mL。

0.2mol/L 氢氧化钠溶液(母液 B):称取 8.0g 氢氧化钠溶解,稀释至 1000mL。

附表 2 为配制甘氨酸-氢氧化钠缓冲液时所用的母液体积,将两种母液混合后,用蒸馏水稀释至 100mL。

附表 2 不同 pH 条件下甘氨酸与氢氧化钠的取用体积

pH	0.2mol/L 甘氨酸/mL	0.2mol/L 氢氧化钠/mL	pH	0.2mol/L 甘氨酸/mL	0.2mol/L 氢氧化钠/mL
8.6	50	4.0	9.6	50	22.4
8.8	50	6.0	9.8	50	27.2
9.0	50	8.8	10.0	50	32.0
9.2	50	12.0	10.4	50	38.6
9.4	50	16.8	10.6	50	45.5

3. Tris-盐酸缓冲液 (0.1mol/L,25℃)

0.2mol/L Tris 溶液(母液 A):称取 24.23g 三羟甲基氨基甲烷(Tris)(分子量=121.14)溶解、稀释至 1000mL。Tris 溶液可从空气中吸收二氧化碳,使用时注意将瓶盖盖严。

0.2mol/L 盐酸溶液(母液 B):取 16.67mL 盐酸(37.2%)稀释至 1000mL。

附表 3 为配制 Tris-盐酸缓冲液时所用的母液体积,将两种母液混合后,用蒸馏水稀释至 100mL。

pH	0.2mol/L Tris/mL	0.2mol/L 盐酸/mL	pH	0.2mol/L Tris/mL	0.2mol/L 盐酸/mL
7.1	50	45.7	8.1	50	26.2
7.2	50	44.7	8.2	50	22.9
7.3	50	43.4	8.3	50	19.6
7.4	50	42.0	8.4	50	17.2
7.5	50	40.3	8.5	50	14.7
7.6	50	38.5	8.6	50	12.4
7.7	50	36.6	8.7	50	10.3
7.8	50	34.5	8.8	50	8.5
7.9	50	32.0	8.9	50	7.0
8.0	50	29.2	9.0	50	5.2

4. 磷酸钠（Na_2HPO_4-NaH_2PO_4）缓冲液（0.1mol/L）

0.1mol/L Na_2HPO_4 溶液（母液 A）：称取 17.80g Na_2HPO_4 · $2H_2O$（分子量＝178.00）或 27.01g Na_2HPO_4 · $7H_2O$（分子量＝270.08）或 35.81g Na_2HPO_4 · $12H_2O$（分子量＝358.14），溶解，稀释至 1000mL。

0.1mol/L NaH_2PO_4 溶液（母液 B）：称取 13.80g NaH_2PO_4 · H_2O（分子量＝137.99）或 15.60g NaH_2PO_4 · $2H_2O$（分子量＝156.03），溶解，稀释至 1000mL。

附表 4 为配制磷酸钠缓冲液时所用的母液体积。

附表 4　不同 pH 条件下 Na_2HPO_4 和 NaH_2PO_4 的取用体积

pH	0.1mol/L Na_2HPO_4/mL	0.1mol/L NaH_2PO_4/mL	pH	0.1mol/L Na_2HPO_4/mL	0.1mol/L NaH_2PO_4/mL
5.7	6.5	93.5	6.9	55.0	45.0
5.8	8.0	92.0	7.0	61.0	39.0
5.9	10.0	90.0	7.1	67.0	33.0
6.0	12.3	87.7	7.2	72.0	28.0
6.1	15.0	85.0	7.3	77.0	23.0
6.2	18.5	81.5	7.4	81.0	19.0
6.3	22.5	77.5	7.5	84.0	16.0
6.4	26.5	73.5	7.6	87.0	13.0
6.5	31.5	68.5	7.7	89.5	10.5
6.6	37.5	62.5	7.8	91.5	8.5
6.7	43.5	56.5	7.9	93.0	7.0
6.8	49.0	51.0	8.0	94.7	5.3

5. 磷酸钾（K_2HPO_4-KH_2PO_4）缓冲液（0.1mol/L）

0.1mol/L K_2HPO_4 溶液（母液 A）：称取 17.42g K_2HPO_4（分子

量＝174.18）溶解，稀释至1000mL。

0.1mol/L KH_2PO_4 溶液（母液B）：称取13.61g KH_2PO_4（分子量＝136.09）溶解，稀释至1000mL。

附表5为配制磷酸钾缓冲液时所用的母液体积。

附表5　不同pH条件下 K_2HPO_4 和 KH_2PO_4 的取用体积

pH	0.1mol/L K_2HPO_4/mL	0.1mol/L KH_2PO_4/mL	pH	0.1mol/L K_2HPO_4/mL	0.1mol/L KH_2PO_4/mL
5.8	8.5	91.5	7.0	61.5	38.5
6.0	13.2	86.8	7.2	71.7	28.3
6.2	19.2	80.8	7.4	80.2	19.8
6.4	27.8	72.2	7.6	86.6	13.4
6.6	38.1	61.9	7.8	90.8	9.2
6.8	49.7	50.3	8.0	94.0	6.0

6. 磷酸氢二钠-柠檬酸缓冲液

0.1mol/L磷酸氢二钠溶液（母液A）：称取17.80g $Na_2HPO_4 \cdot 2H_2O$（分子量＝178.00）或27.01g $Na_2HPO_4 \cdot 7H_2O$（分子量＝270.08）或35.81g $Na_2HPO_4 \cdot 12H_2O$（分子量＝358.14），溶解，稀释至1000mL。

0.1mol/L柠檬酸（母液B）：称取21.01g $C_6H_8O_7 \cdot H_2O$（分子量＝210.14）溶解，稀释至1000mL。

附表6为配制磷酸氢二钠-柠檬酸缓冲液时所用的母液体积。

附表6　不同pH条件下磷酸氢二钠和柠檬酸的取用体积

pH	0.2mol/L 磷酸氢二钠/mL	0.1mol/L 柠檬酸/mL	pH	0.2mol/L 磷酸氢二钠/mL	0.1mol/L 柠檬酸/mL
2.2	2.0	98.0	5.2	53.6	46.4
2.4	6.2	93.8	5.4	55.7	44.3
2.6	10.9	89.1	5.6	58.0	42.0
2.8	15.9	84.1	5.8	60.5	39.5
3.0	20.6	79.4	6.0	63.2	36.8
3.2	24.7	75.3	6.2	66.1	33.9
3.4	28.5	71.5	6.4	69.3	30.7
3.6	32.2	67.8	6.6	72.7	27.3
3.8	35.5	64.5	6.8	77.3	22.7
4.0	38.6	61.4	7.0	82.4	17.6
4.2	41.4	58.6	7.2	87.0	13.0
4.4	44.1	55.9	7.4	90.8	9.2
4.6	46.8	53.2	7.6	93.6	6.4
4.8	49.3	50.7	7.8	95.8	4.2
5.0	51.5	48.5	8.0	97.3	2.7

7. 磷酸二氢钾-氢氧化钠缓冲液 (0.1mol/L，20℃)

0.2mol/L 磷酸二氢钾溶液（母液 A）：称取 27.22g KH_2PO_4（分子量＝136.09）溶解，稀释至 1000mL。

0.2mol/L 氢氧化钠溶液（母液 B）：称取 8.0g 氢氧化钠溶解，稀释至 1000mL。

附表 7 为配制磷酸二氢钾-氢氧化钠缓冲液时所用的母液体积，将两种母液混合后，用蒸馏水稀释至 100mL。

附表 7 不同 pH 条件下磷酸二氢钾和氢氧化钠的取用体积

pH	0.2mol/L 磷酸二氢钾/mL	0.2mol/L 氢氧化钠/mL	pH	0.2mol/L 磷酸二氢钾/mL	0.2mol/L 氢氧化钠/mL
5.8	50	3.7	7.0	50	29.6
6.0	50	5.7	7.2	50	35.0
6.2	50	8.6	7.4	50	39.5
6.4	50	12.6	7.6	50	42.8
6.6	50	17.8	7.8	50	45.2
6.8	50	23.7	8.0	50	46.8

8. 柠檬酸-柠檬酸钠缓冲液 (0.1mol/L)

0.1mol/L 柠檬酸溶液（母液 A）：称取 21.01g $C_6H_8O_7 \cdot H_2O$（分子量＝210.14）溶解，稀释至 1000mL。

0.1mol/L 柠檬酸钠溶液（母液 B）：称取 29.41g $Na_3C_6H_5O_7 \cdot 2H_2O$（分子量＝294.12）溶解，稀释至 1000mL。

附表 8 为配制柠檬酸-柠檬酸钠缓冲液时所用的母液体积。

附表 8 不同 pH 条件下柠檬酸和柠檬酸钠的取用体积

pH	0.1mol/L 柠檬酸/mL	0.1mol/L 柠檬酸钠/mL	pH	0.1mol/L 柠檬酸/mL	0.1mol/L 柠檬酸钠/mL
3.2	86.0	14.0	5.0	41.0	59.0
3.4	80.0	20.0	5.2	36.5	63.5
3.6	74.5	25.5	5.4	32.0	68.0
3.8	70.0	30.0	5.6	27.5	72.5
4.0	65.5	34.5	5.8	23.5	76.5
4.2	61.5	38.5	6.0	19.0	81.0
4.4	57.0	43.0	6.2	14.0	86.0
4.6	51.5	48.5	6.4	10.0	90.0
4.8	46.0	54.0	6.6	7.0	93.0

9. 碳酸钠-碳酸氢钠缓冲液 （0.1mol/L，Ca^{2+}、Mg^{2+} 存在时不得使用)

0.1mol/L 碳酸钠溶液 （母液 A）：称取 28.62g $Na_2CO_3 \cdot 10H_2O$ （分子量＝286.2）溶解，稀释至 1000mL。

0.1mol/L 碳酸氢钠溶液 （母液 B）：称取 8.40g Na_2HCO_3 （分子量＝84.0）溶解，稀释至 1000mL。

附表 9 为配制碳酸钠-碳酸氢钠缓冲液时所用的母液体积。

附表 9　不同 pH 条件下碳酸钠和碳酸氢钠的取用体积

pH		0.1mol/L 碳酸钠/mL	0.1mol/L 碳酸氢钠/mL
20℃	37℃		
9.2	8.8	10	90
9.4	9.1	20	80
9.5	9.4	30	70
9.8	9.5	40	60
9.9	9.7	50	50
10.1	9.9	60	40
10.3	10.1	70	30
10.5	10.3	80	20
10.8	10.6	90	10

10. 硼砂-硼酸缓冲液

0.05mol/L 硼砂溶液 （母液 A）：称取 19.07g $Na_2B_4O_7 \cdot 10H_2O$ （分子量＝381.43）溶解，稀释至 1000mL。硼砂易失去结晶水，必须在带塞的瓶中保存。

0.2mol/L 硼酸溶液 （母液 B）：称取 12.37g H_2BO_3 （分子量＝61.84）溶解，稀释至 1000mL。

附表 10 为配制硼砂-硼酸缓冲液时所用的母液体积。

附表 10　不同 pH 条件下硼砂和硼酸的取用体积

pH	0.05mol/L 硼砂/mL	0.2mol/L 硼酸/mL	pH	0.05mol/L 硼砂/mL	0.2mol/L 硼酸/mL
7.4	10	90	8.2	35	65
7.6	15	85	8.4	45	55
7.8	20	80	8.7	60	40
8.0	30	70	9.0	80	20

11. 硼砂-氢氧化钠缓冲液

0.05mol/L 硼砂溶液 （母液 A）：称取 19.07g $Na_2B_4O_7 \cdot 10H_2O$

（分子量＝381.43）溶解，稀释至 1000mL。

0.2mol/L 氢氧化钠溶液（母液 B）：称取 8.00g NaOH（分子量＝40.00）溶解，稀释至 1000mL。

附表 11 为配制硼砂-氢氧化钠缓冲液时所用的母液体积，将两种母液混合后，用蒸馏水稀释至 100mL。

附表 11　不同 pH 条件下硼砂和氢氧化钠的取用体积

pH	0.05mol/L 硼砂/mL	0.2mol/L 氢氧化钠/mL	pH	0.05mol/L 硼砂/mL	0.2mol/L 氢氧化钠/mL
9.3	50	6.0	9.8	50	34.0
9.4	50	11.0	10.0	50	43.0
9.5	50	23.0	10.1	50	46.0

12. 乙酸-乙酸钠缓冲液 (0.1mol/L, 18℃)

0.1mol/L 乙酸溶液（母液 A）：取 5.8mL 冰乙酸，稀释至 1000mL。

0.1mol/L 乙酸钠溶液（母液 B）：称取 8.20g 无水乙酸钠（分子量＝82.04）或称取 13.61g 三水合乙酸钠（分子量＝136.09），溶解，稀释至 1000mL。

附表 12 为配制乙酸-乙酸钠缓冲液时所用的母液体积。

附表 12　不同 pH 条件下乙酸与乙酸钠的取用体积

pH	0.1mol/L 乙酸/mL	0.1mol/L 乙酸钠/mL	pH	0.1mol/L 乙酸/mL	0.1mol/L 乙酸钠/mL
3.6	92.5	7.5	4.8	41.0	59.0
3.8	88.0	12.0	5.0	30.0	70.0
4.0	82.0	18.0	5.2	21.0	79.0
4.2	73.5	26.5	5.4	14.0	86.0
4.4	63.0	37.0	5.6	9.0	91.0
4.6	51.0	49.0	5.8	6.0	94.0

参考文献

［1］ 庞杰，敬璞．食品化学实验［M］．北京：中国林业出版社，2014．

［2］ 黄晓钰，刘邻渭．食品化学与分析综合实验［M］．北京：中国农业大学出版社，2009．

［3］ 高世萍，于春玲，杨大伟．基础化学实验［M］．北京：化学工业出版社，2020．

［4］ 刘利，张进，姚思童．普通化学实验［M］．北京：化学工业出版社，2020．

［5］ 赵国华．食品化学实验原理与技术［M］．北京：化学工业出版社，2009．

［6］ 武汉大学化学与分子科学学院实验中心．仪器分析实验［M］．武汉：武汉大学出版社，2005．

［7］ 苏明武．分析化学与仪器分析实验［M］．北京：科学出版社，2017．

［8］ 郭明．仪器分析实验［M］．北京：化学工业出版社，2019．

［9］ 吴谋成．仪器分析［M］．北京：科学出版社，2003．

［10］ 魏金凤，康文艺，郭秀春．食品化学实验［M］．北京：中国医药科技出版社，2017．

［11］ 邵秀芝，郑艺梅，黄泽元．食品化学实验［M］．郑州：郑州大学出版社，2013．

［12］ 谢明勇，胡晓波．食品化学实验与习题［M］．北京：化学工业出版社，2012．

［13］ 黄晓钰，刘邻渭．食品化学综合实验［M］．北京：中国农业大学出版社，2002．

［14］ 范星河，李国宝．综合化学实验［M］．北京：北京大学出版社，2009．

［15］ 冯建跃．高等学校实验室安全制度选编［M］．杭州：浙江大学出版社，2016．

［16］ 陆国栋，李飞，赵津婷，等．探究性实验的思路、模式与路径——基于浙江大学的探索与实践［J］．高等工程教育研究，2015（03）：86-93．

［17］ 达莫达兰．食品化学［M］．江波，等译．北京：中国轻工业出版社，2013．

［18］ MILLER D D. Food chemistry：a laboratory manual［M］. New York：Wiley，1998.

［19］ WOODS A E，AURAND L W. L laboratory manual in Food chemistry［M］. Hartford：AVI，1977.